普通高等院校教材

微机原理与接口技术实验教程

辛 博 王 博 主编

扫码进入读者圈
轻松解决重难点

南京大学出版社

图书在版编目(CIP)数据

微机原理与接口技术实验教程 / 辛博，王博主编
. — 南京 ：南京大学出版社，2020.5
ISBN 978 - 7 - 305 - 22670 - 0

Ⅰ. ①微… Ⅱ. ①辛… ②王… Ⅲ. ①微型计算机 - 理论 - 高等学校 - 教材②微型计算机 - 接口技术 - 高等学校 - 教材 Ⅳ. ①TP36

中国版本图书馆 CIP 数据核字(2019)第 252674 号

出版发行 南京大学出版社
社　　址 南京市汉口路 22 号　　　邮　编 210093
出 版 人 金鑫荣

书　　名 微机原理与接口技术实验教程
主　　编 辛 博 王 博
责任编辑 吴 华　　　编辑热线 025 - 83596997

照　　排 南京南琳图文制作有限公司
印　　刷 南京理工大学资产经营有限公司
开　　本 787×1092 1/16 印张 11.25 字数 260 千
版　　次 2020 年 5 月第 1 版 2020 年 5 月第 1 次印刷
ISBN 978 - 7 - 305 - 22670 - 0
定　　价 30.00 元

网址：http://www.njupco.com
官方微博：http://weibo.com/njupco
微信服务号：njuyuexue
销售咨询热线：(025) 83594756

☞ **教师扫码可免费获取教学资源**

序　言

“微机原理与接口技术”是电气信息类各专业的核心必修课程，也是工程技术人员必须熟练掌握的知识体系中重要的基础，本教程涉及的实践应用能力更是自动化、电子信息类工程师的核心能力之一，也是建设自动化和智能化系统的关键。

本教程实验内容是作者多年在教学和科研第一线的经验积累和总结，重视微机系统的基础性工作原理，扩展了常见的简单应用。本书以南京伟福的 Lab8000 型微机原理实验箱为平台，并参考了大量的相关文献和教材，也参考了互联网上大量的博客、专业论坛的资料，在此对资料提供者表示感谢。本教程实验包括基础实验和综合实验两部分，由辛博、王博负责编写，周鹏和周鸿豪为本教程的编写做了大量的实验工作，在此一并表示感谢。在本书的编写过程中，南京大学工程管理学院焦小澄教授给予了大量细致的指导，在此特别提出感谢。期望通过本教程的出版，促进广大学生和工程技术人员系统、全面地了解和应用“微机原理和接口技术”的基础理论和应用技术，并供相关领域读者学习参考。

本书有下列特点：

1. 重视系统运用“微机原理和接口技术”的理论和技术，着重强调基本概念、基本理论和基本方法的实践。

2. 着重从应用角度出发，突出理论联系实际，强调把各类生产应用原型运用在实验中。

3. 力求深入浅出，便于自学。

由于时间仓促，加上作者水平所限，书中缺点和错误在所难免，热忱欢迎广大教师和学生等读者批评指正。

目　录

第一章 微型计算机概述

实验 1 一位 CPU 设计实验

一、实验目的

CPU 是数字电路最综合的应用技术之一。本实验课程的目的是用数字逻辑电路，设计一个最简单的 CPU。要求设计的 CPU 应具各种必需的部分，又力求简单，使学生能通过本实验，在数字逻辑电路的基础上了解 CPU 的基本工作原理。

二、一位串行 CPU 的设计原理

一位串行 CPU，是指每个时钟周期，只能对一个比特(bit)的数据进行运算的 CPU。

本实验设计采用一位全加器的 8 位串行计算 CPU，能够完成 8 位二进制的加法(ADD)、减法(SUB)、异或(XOR)和移位(SHR)四条指令功能。该一位 CPU 由两个八位移位寄存器、指令译码器、时钟节拍寄存器和控制逻辑(在计算机中称为微操作电路)等部分组成，指令寄存器、数据存储器等采用置数开关实现。指令寄存器也采用两位开关实现。此外，数据读入和时钟脉冲也各采用一开关。本 CPU 组成框图如图 1-1 所示。

1. 微操作电路和运算器

本 CPU 的运算器为一位二进制全加器，运算表达式为

$$S = A \oplus B \oplus C$$

$$CY = BC + A \cdot (B \oplus C)$$

S 为运算结果，A、B、C 分别为根据执行指令经微操作电路传来的运算数据。A 为被加数，B 为加数，C 为上一个时钟周期执行指令的进位(借位)位，在本 CPU 中，全加器的三个输入端的运算表达式为别为

$$A = QA_0$$

$$B = QB_0 \cdot \overline{(AD \cdot XO)} + SUB \cdot \overline{QB_0}$$

$$C = CY' \cdot (SUB + ADD) + S_0 \cdot SUB$$

其中，ADD、SUB、XOR 分别为译码电路输出的加、减、异或指令信号(AD、XO 分别为 ADD、XOR 的非信号)，QA_0、QB_0 分别为 A、B 的最低位，CY 为全加器向上进位的结果，CY′为经过 C 寄存器锁存的前一时钟周期的进位(CY)信号，S_0 为指令执行周期的第一个时钟周期，用于实现减法指令的取补功能。每一时钟周期得到的一位结果 S，在该时钟周期末移入 A 的最高位(同时 A 寄存器中数据也右移一位)，本位运算的进位 CY 存入 C

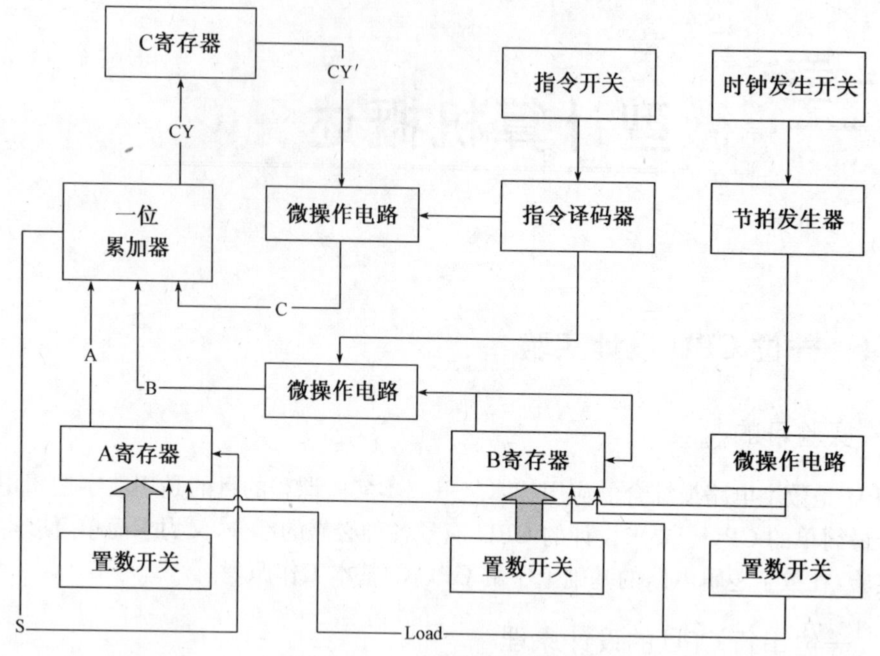

图 1-1 CPU 结构框图

寄存器，作为下一时钟周期全加器的 C 输入端数据。微操作电路是 CPU 中实现指令功能的关键逻辑电路，它根据执行指令，确定每一时钟周期的逻辑条件，将要求的数据送全加器的输入端(A、B、C)。如果要设计更多的指令，实际上就是根据指令设计相应的微操作电路。

2. 寄存器和数据存储开关

本 CPU 中的两个 8 位移位寄存器，分别称为 A 寄存器、B 寄存器，各由 2 片 74LS194 串联组成。其中 A 寄存器相当于 CPU 中的累加寄存器，在运算中作为源操作数(被加数、被减数等)和运算结果存储寄存器。B 寄存器提供另一源操作数(加数、减数等)。C 寄存器为进位位寄存器，仅为一位。

A 寄存器与全加器逻辑电路，组成右循环移位寄存器，相当于 CPU 中的累加器。B 寄存器组成右循环移位寄存器。数据存储器采用 16 个带自锁的开关实现，通过 Load 信号将数据存储开关状态(即数据)并行读入寄存器 A 和寄存器 B，读数据的同时初始化指令执行时序计数器。

每一条指令执行过程由 8 个时钟周期组成，分别为 S0～S7，指令执行过程中，每个时钟周期将 A、B 中数据右移一位，即最低位分别移入微操作电路。其中，A 寄存器的最低位送全加器一输入端 A，全加器一步运算结果(本位和)S 移入最高位，进位 CY 送 C 寄存器；B 寄存器的最低位在送全加器另一输入端的同时，移入 B 寄存器最高位。指令执行结束后，A 中保存运算结果，B 中数据不变。

3. 指令寄存器和指令译码器

为了尽量减少数字逻辑电路，本 CPU 的指令寄存器由两个带自锁开关组成，开关的四个状态 00、01、10、11 分别表示加(ADD)、减(SUB)、异或(XOR)和循环右移(SHR)四条指令。指令译码器采用一片 74LS138 译码芯片。此部分电路比较简单,不再赘述。

4. 时钟周期电路

本串行 CPU 实现 8 位二进制数的运算。由于运算器为一位二进制全加器,所以,每条指令执行周期需要 8 个时钟周期,时钟周期电路采用 74LS161。时钟(Clock)采用不带自锁的按键开关实现。每按一次开关,产生一个时钟脉冲,作为累加器、寄存器等的时钟信号,另一方面该脉冲接 74LS161 的 clk 引脚,作为时钟周期电路的计数信号。当每次指令执行完成时,封锁 Clock 信号。Load 信号在载入运算数据的同时,清零 74LS161 计数值,初始化指令执行。

三、实验内容及步骤

第一步　按照实验框图设计实验原理图,在 Altium Designer 09 中画出实验原理图。参考电路如图 1-2～图 1-6 所示。

第二步　按所设计的原理图,选择合适的芯片和器件,以数字电路实验箱为实验平台,搭建实物电路。

第三步　分别输入“加法”、“减法”、“异或”、“右移”指令,并输入不同的操作数据,验证所设计的电路,观察结果寄存器和系统输出是否正确。

四、思考题

1. 上述原理图中,微操做电路有哪些?分别起到什么作用。
2. 根据上述原理图,增加其他指令,如“左移”、“赋值”等指令。
3. 设计该电路的 PCB 版图。

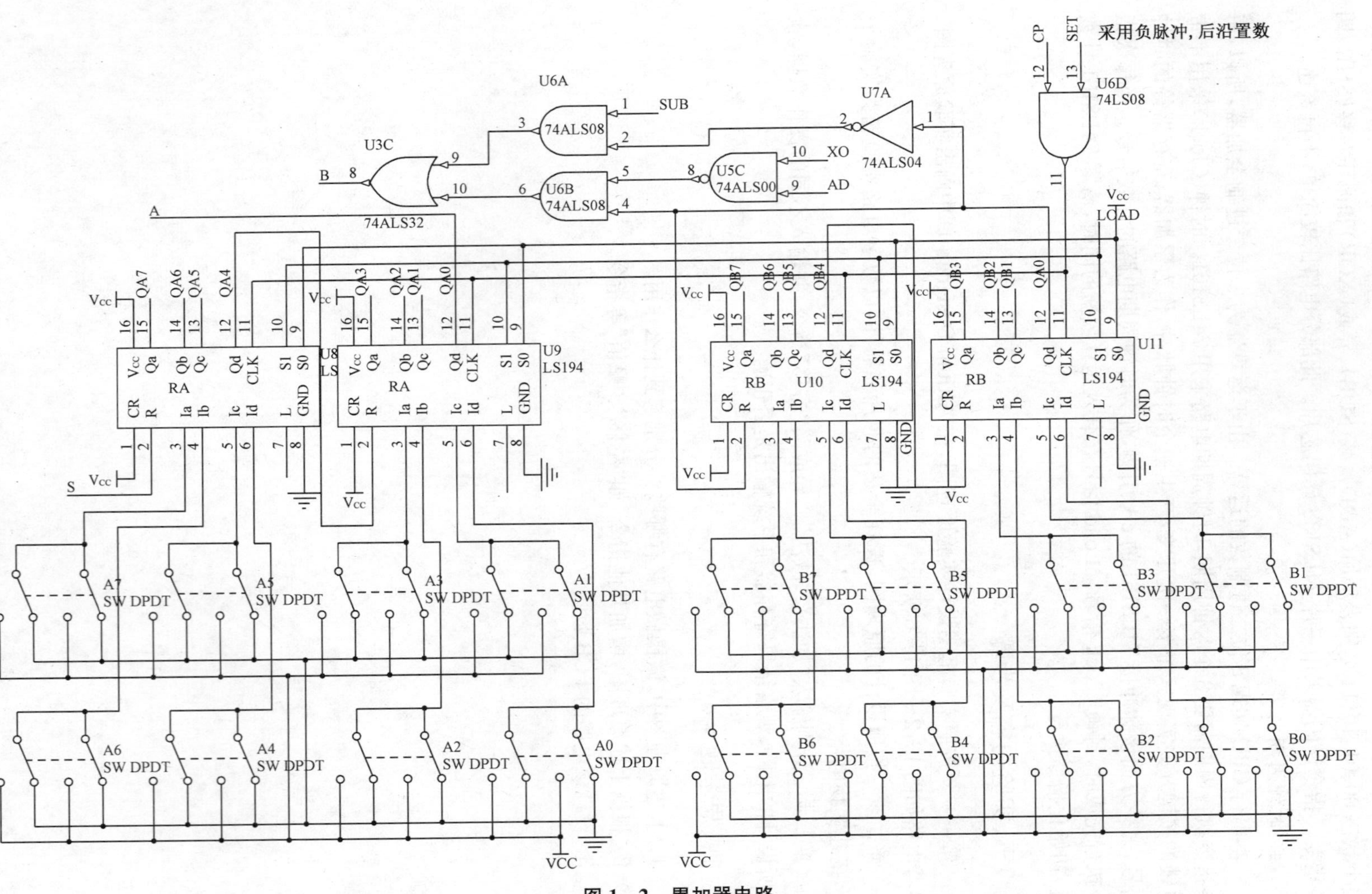
采用负脉冲，后沿置数
CP
SET
U6D
74LS08
U7A
74ALS04
U5C
74ALS00
XO
AD
U6A
74ALS08
SUB
U6B
74ALS08
U3C
74ALS32
A
B
S
LOAD
U8
LS194
U9
LS194
U10
LS194
U11
LS194
RA
RB
GND
VCC
QA0
QA1
QA2
QA3
QA4
QA5
QA6
QA7
QB0
QB1
QB2
QB3
QB4
QB5
QB6
QB7
A7
A5
A3
A1
A6
A4
A2
A0
B7
B5
B3
B1
B6
B4
B2
B0
SW DPDT

图 1-2　累加器电路

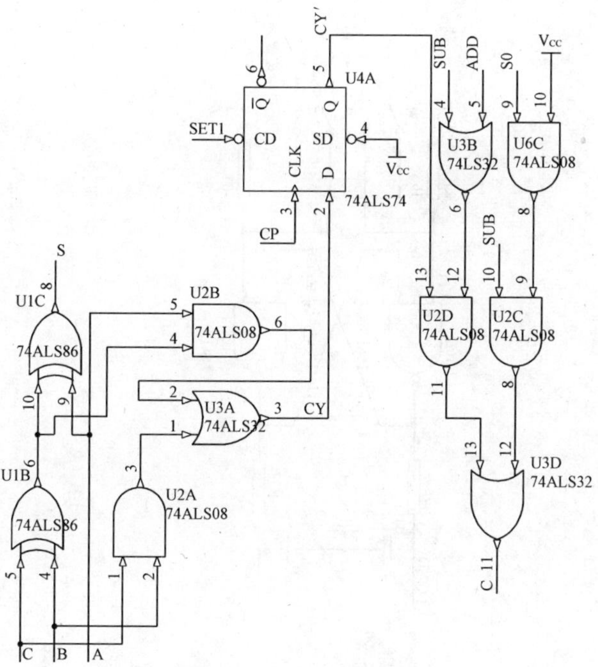

图 1-3　全加器电路

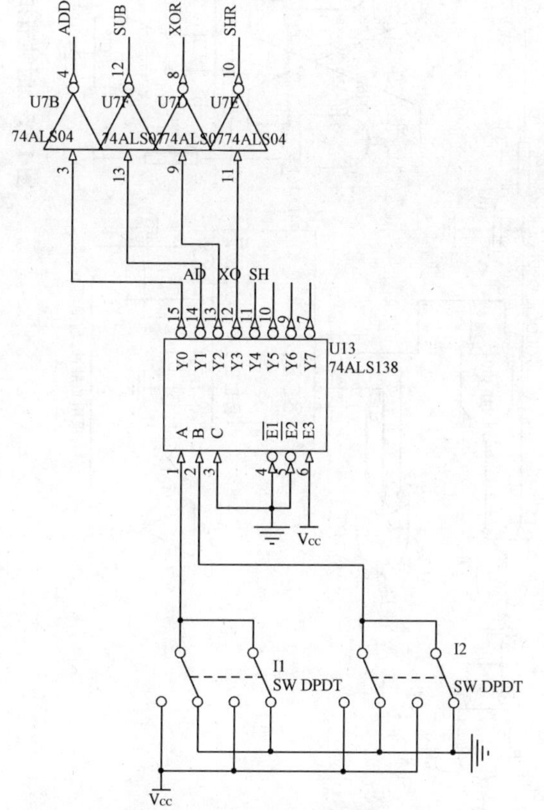

图 1-4　指令译码电路

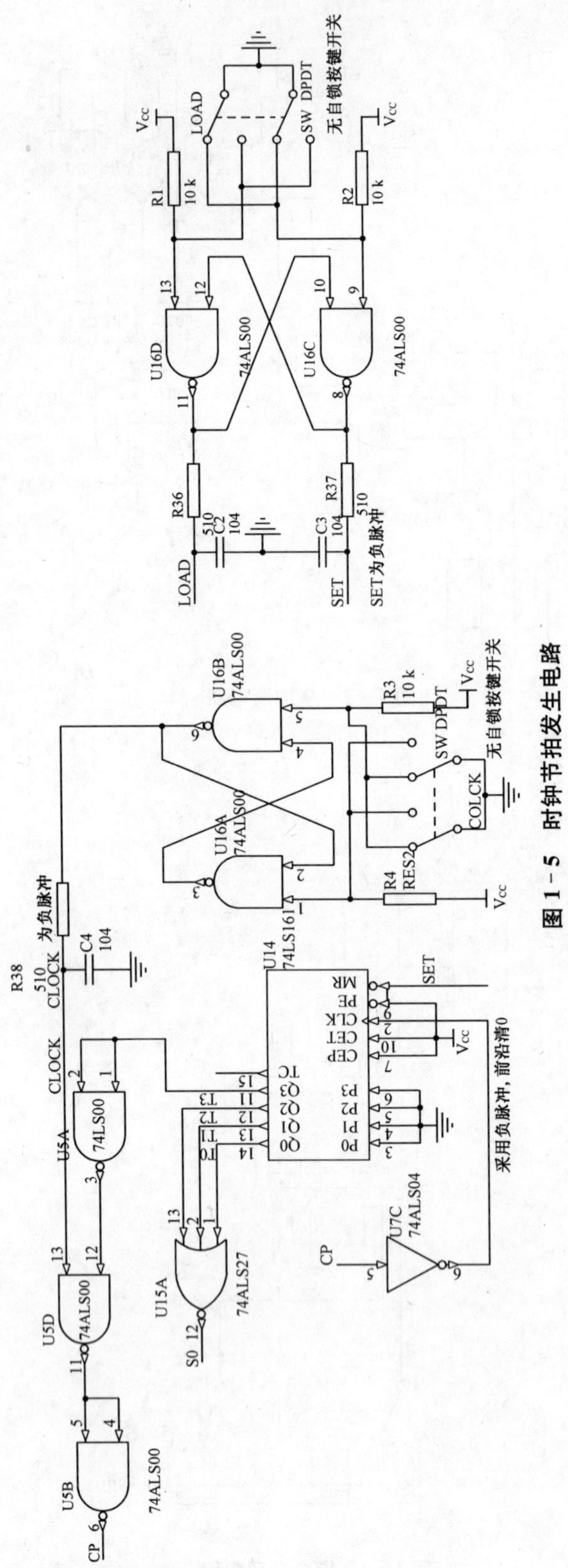

图 1-5 时钟节拍发生电路

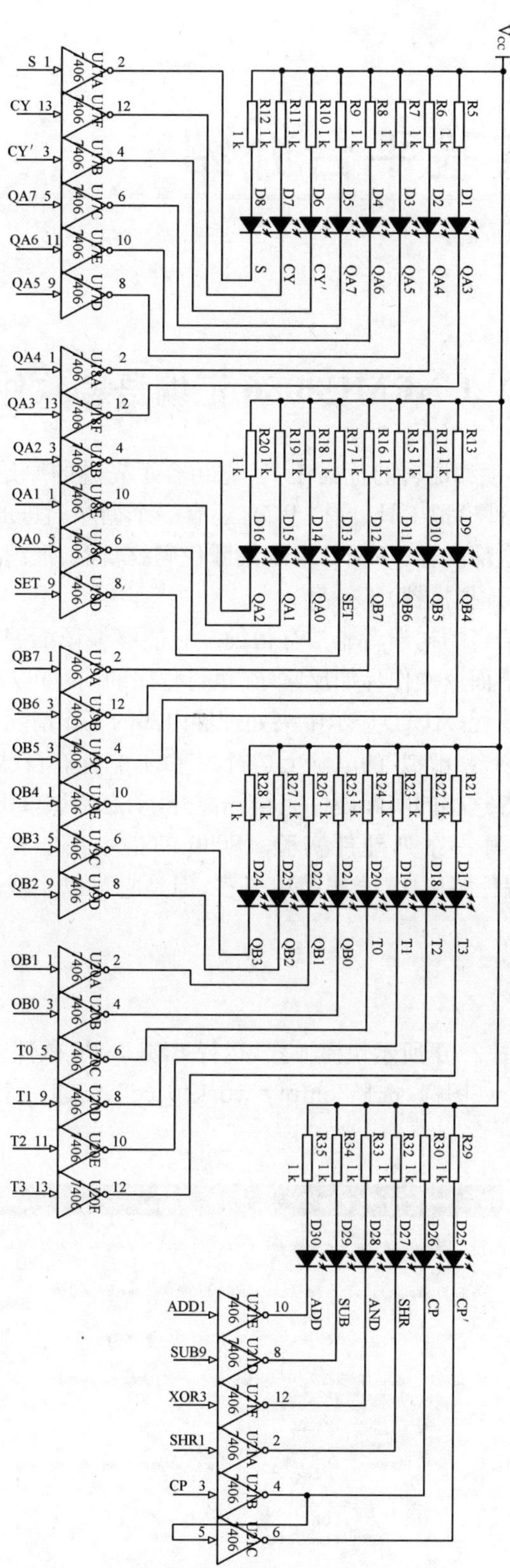

图 1-6　系统输出指示电路

第二章 实验平台介绍

2.1 EMU8086 汇编语言软件

EMU8086 是学习汇编语言的优秀工具,它结合了先进的原始编辑器、组译器、反组译器、具除错功能的软件模拟工具(虚拟 PC),还有一个循序渐进的指导工具。该软件包含了学习汇编语言的全部内容。EMU8086 集源代码编辑器、汇编/反汇编工具以及可以运行 debug 的模拟器(虚拟机器)于一身。

该软件对于汇编语言的初学者非常有帮助。它能够编译汇编源代码,并在模拟器上单步地执行。可视化界面令操作易如反掌,在执行程序的同时可观察寄存器、标志位和内存。算术和逻辑运算单元(ALU)显示中央处理器内部的工作情况。

这个模拟器是在一台"虚拟"的电脑上运行程序的,它拥有自己独立的"硬件",这样程序就同诸如硬盘与内存这样的实际硬件完全隔离开,动态调试(DEBUG)时非常方便,并且能够模拟电机运动等一系列硬件实验。8086 的指令集非常小,便于初学者学习。EMU8086 同主流汇编程序相比,语法简单得多,但是它可以生成任何能兼容 8086 机器语言的代码。

一、使用教程

第一步 双击如图 2-1 所示快捷方式,运行 EMU8086 软件。

第二步 选择"new"图标,选择"empty workspace",新建一个空的工作区,如图 2-2 所示。

图 2-1

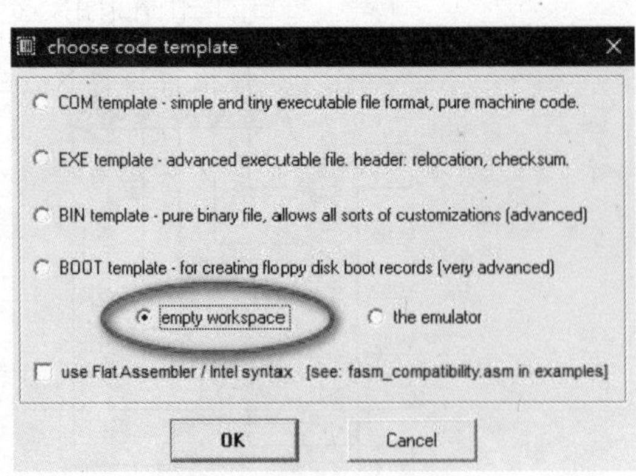

图 2-2

第三步　输入示例源程序。

```
data segment
    data1 dw 0f865H
    data2 dw 360cH
data ends
code  segment
        assume cs:code,ds:data
start:
    mov ax,data
    mov ds,ax
    lea si,data1
    mov ax,data1
    add ax,data2
    mov [2800H],ax
    hlt
start   endp
code ends
    end start
```

第四步　点击 save 保存为"mycode.asm"，单击 compile 图标进行编译，若没有错误，编译成功，将弹出可执行文件(.exe)保存对话框，保存为"mycode.exe"，如图 2-3 所示。然后单击 run，如图 2-4 所示。

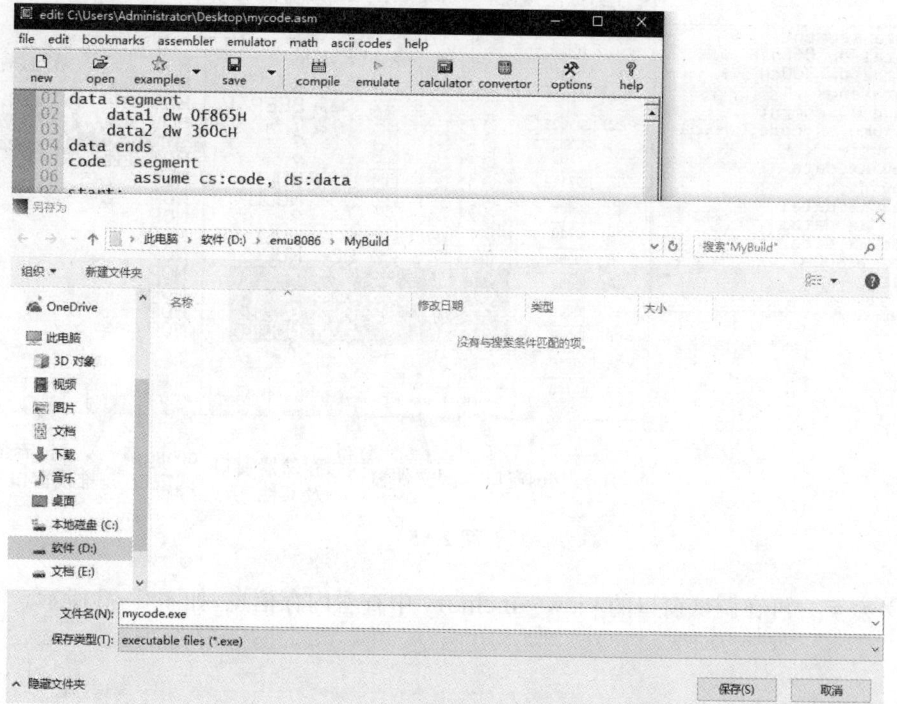

图 2-3

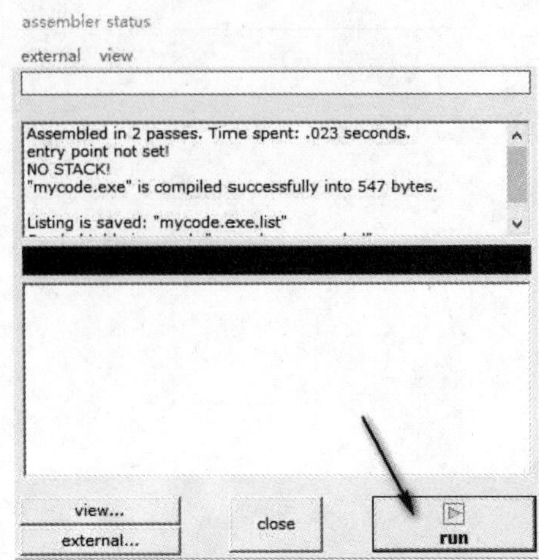

图 2-4

第五步　将进入如图 2-5 的调试窗口。单步执行并观察 CPU 寄存器值、指令的物理地址、逻辑地址、机器码等变化。单击 emulate，也可进入调试窗口，如图 2-5 所示。

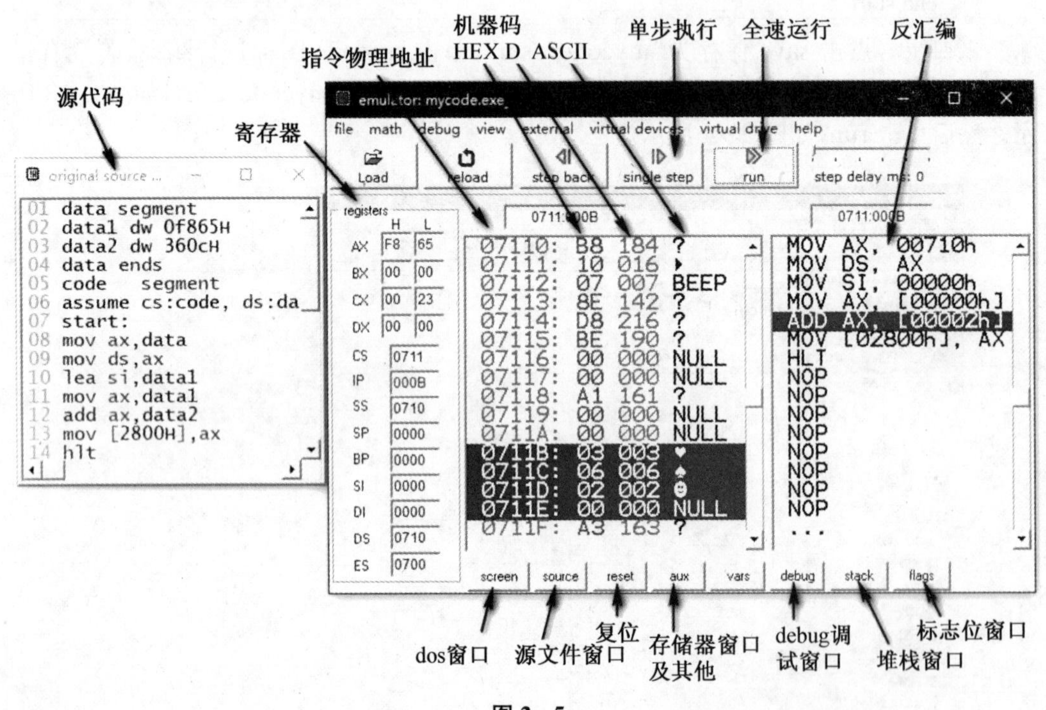

图 2-5

第六步　可在调试窗口的 view→memory 中查看内存信息，如图 2-6 所示。

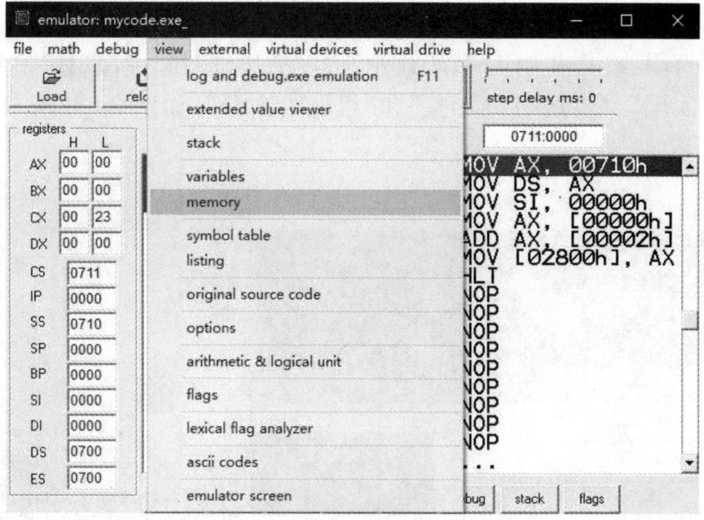

图 2-6(a)

Random Access Memory

0711:0000　update　table　list

```
0711:0000  B8 10 07 8E D8 BE 00 00-A1 00 00 03 06 02 00 A3
0711:0010  00 28 F4 90 90 90 90 90-90 90 90 90 90 90 90 90
0711:0020  90 90 90 90 90 90 90 F4-00 00 00 00 00 00 00 00
0711:0030  00 00 00 00 00 00 00 00-00 00 00 00 00 00 00 00
0711:0040  00 00 00 00 00 00 00 00-00 00 00 00 00 00 00 00
0711:0050  00 00 00 00 00 00 00 00-00 00 00 00 00 00 00 00
0711:0060  00 00 00 00 00 00 00 00-00 00 00 00 00 00 00 00
0711:0070  00 00 00 00 00 00 00 00-00 00 00 00 00 00 00 00
```

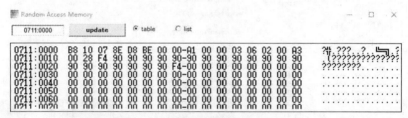

图 2-6(b)

第七步　debug 窗口、堆栈窗口和 flags 标志位窗口，如图 2-7 所示。

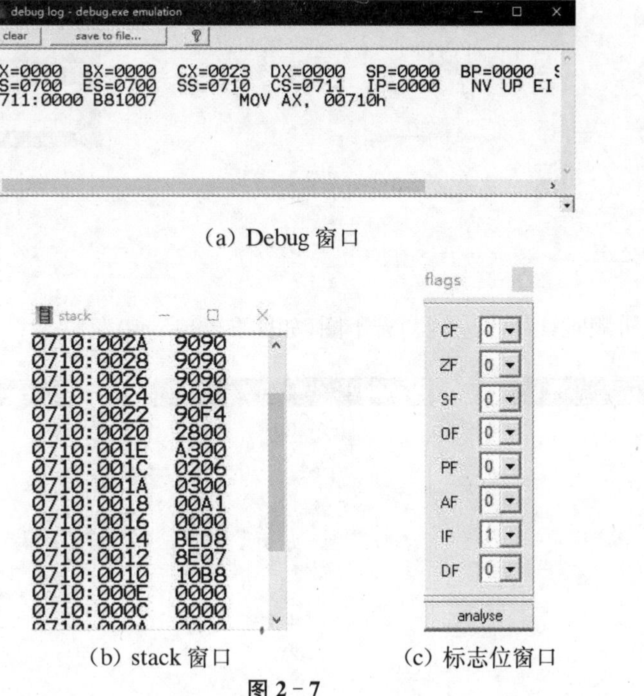

(a) Debug 窗口

(b) stack 窗口　　(c) 标志位窗口

图 2-7

第八步　除对一般汇编程序编译外，EMU8086 还能够利用自带的软件实现“虚拟屏幕显示”、“虚拟打印”、“虚拟 LED 数码显示”、“虚拟接口”和“虚拟温度控制”实验，还可以进行“交通灯实验”、“步进电机实验”和“机器人实验”，如图 2－8 所示，读者可自行尝试。

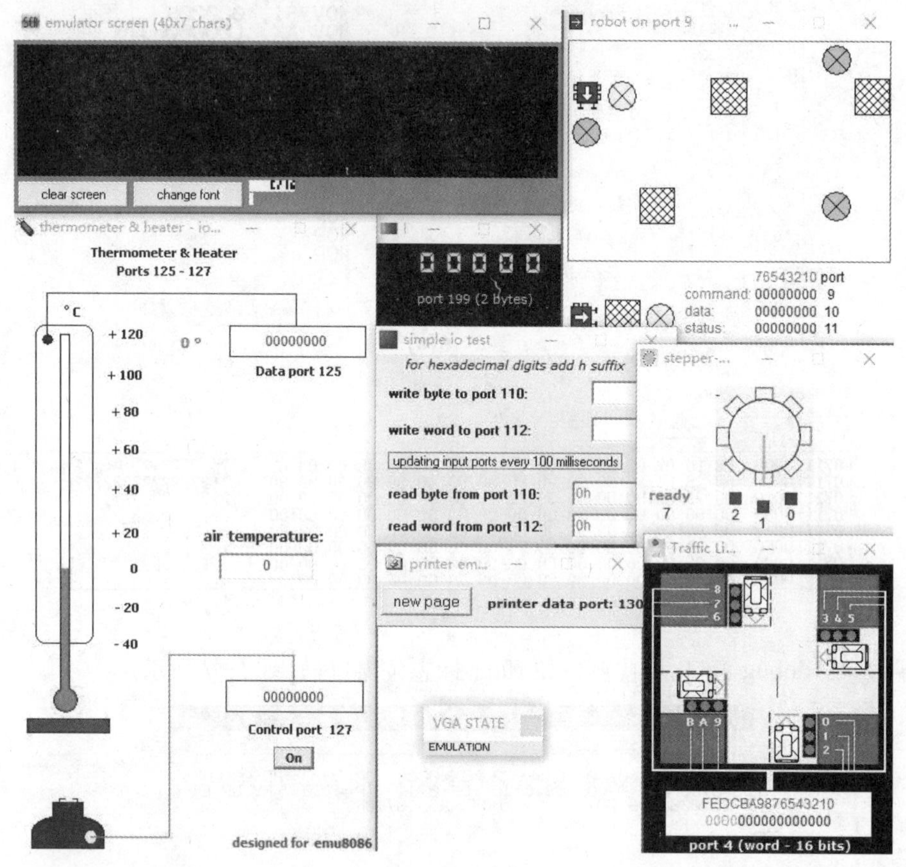

图 2－8

二、例题

使步进电机顺时针半步进转动若干圈(如图 2－9 所示)。

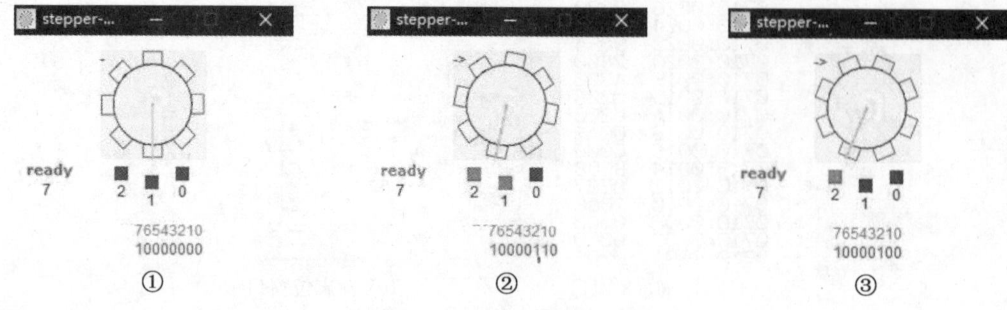

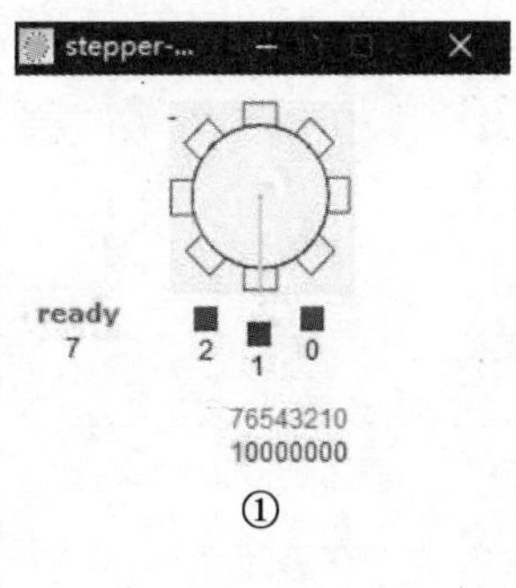

①

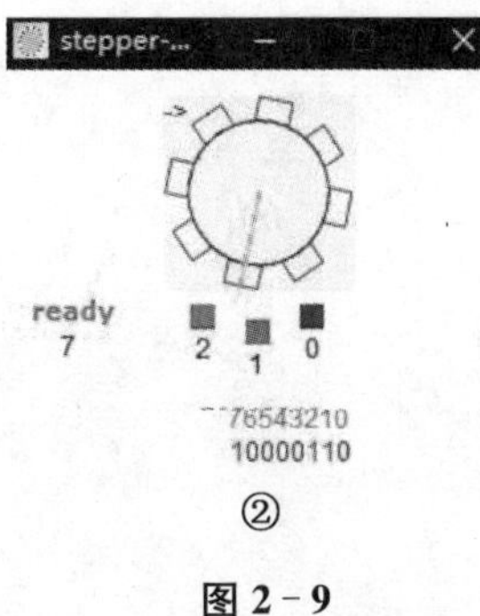

②

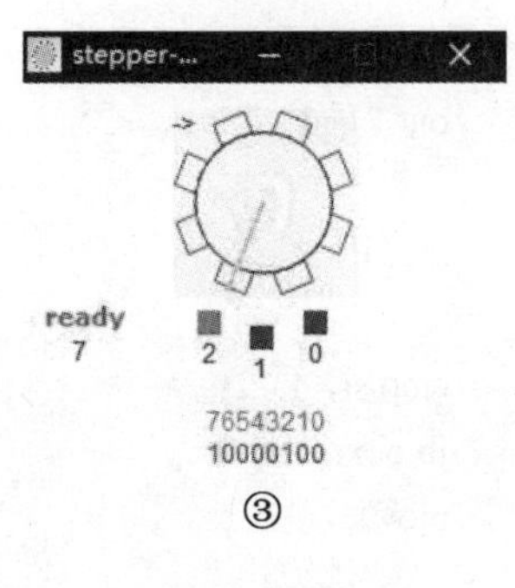

③

图 2－9

三、代码

```
;步进电机向编号为 7 的虚拟端口输出值
;程序作用:示例电机顺时针转动
#start=stepper_motor.exe#

name "stepper"

#make_bin#

herestop=20h    ;32(十进制)

jmp start

;顺时针半步旋转指令:
datcw    db 0000_0110b
db 0000_0100b
db 0000_0011b
db 0000_0010b

start:
mov bx, offset datcw
mov si, 0
mov cx, 0    ;计步

next_step:
;测试电机是否准备好接受指令,准备好时其最高位为 1
wait:  in al, 7
test al, 10000000b
jz wait
```

```
mov al, [bx][si]
out 7, al

inc si

cmp si, 4
jb next_step
mov si, 0

inc cx
cmp cx, herestop;若转动完毕,停止
jb   next_step
```

习 题

编制简单程序使温度计工作,点火时迅速升温(如图 2-10 所示),关火时缓慢降温(如图 2-11 所示)。

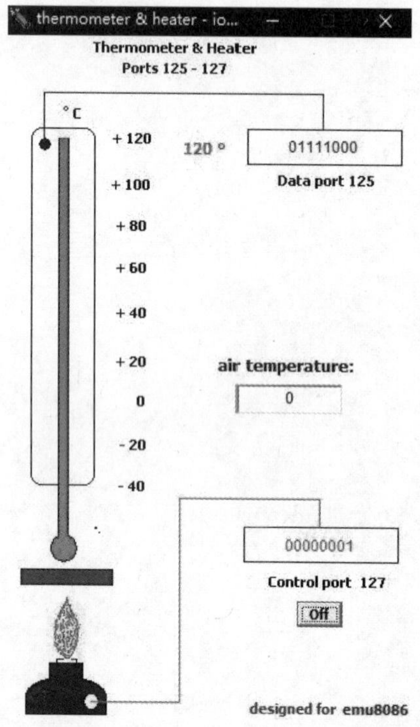

图 2-10 点火迅速升温

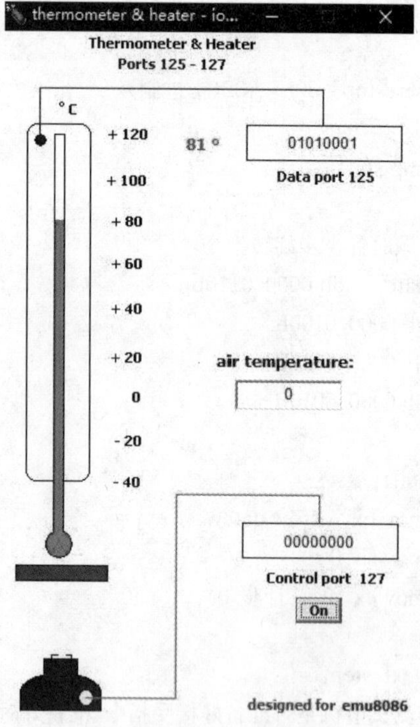

图 2-11 关火缓慢降温

代码提示:

```
#start=thermometer.exe#
#make_bin#
name "thermo"
mov ax, cs
mov ds, ax
start:
......
low:
......
high:
......
end start
```

注意:如字体不合适,可在如图 2-12 所示 options→font and colors→set font 中调整。

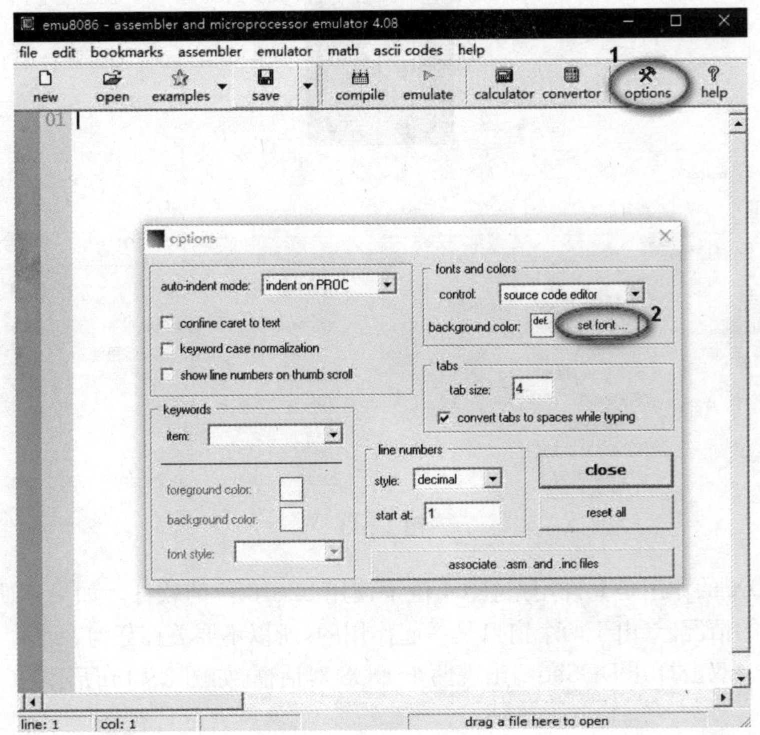

图 2-12

2.2　MASM 汇编语言软件

MASM 是 Microsoft Macro Assembler 的缩写,是微软公司为 x86 微处理器家族开

发的汇编开发环境，拥有可视化的开发界面，使开发人员不必再使用 DOS 环境进行汇编的开发，编译速度快，支持 80x86 汇编以及 Win32Asm，是 Windows 下开发汇编的良好工具。它与 Windows 平台的磨合程度非常好，但是在其他平台上就有所限制，使用 MASM 的开发人员必须在 Windows 下进行开发。

为了 MASM 用户的方便，有 MASM32 的项目把程序员所写的程序库(library)、程序示例(sample code)以及说明文件集合在一起，也有很多网上论坛在支持 MASM。

一些著名的开发环境，如 Visual Basic、Visual C + + 、EasyCode 等 IDE，为 MASM 提供可视化(visual)的能力。虽然这个产品上市多年，但它仍然是最受各方支持的汇编器之一。

对于 64 位 Windows 系统，以下教程适用。32 位请见后面注解。

第一步　下载并安装 DOSBOX 程序，并将包含“EDIT. COM”、“MASM. EXE”、“LINK. EXE”、“DEBUG. EXE”这四个必需文件的 masm 文件夹放置在盘根目录下，此处示例为 D 盘，如图 2 - 13 所示。

masm

文件　主页　共享　查看

D:\masm

快速访问
Downloads
本地磁盘 (D:)
文档
桌面
OneDrive

名称	修改日期	类型	大小
DEBUG.EXE	2008/4/14 12:00	应用程序	21 KB
EDIT.COM	1998/5/13 17:57	MS-DOS 应用程序	71 KB
EXE2BIN.EXE	2001/4/6 11:22	应用程序	3 KB
LIB.EXE	2011/5/2 17:26	应用程序	49 KB
LINK.EXE	2001/4/6 11:22	应用程序	68 KB
MASM.EXE	2001/4/6 11:22	应用程序	101 KB
masm.IMg	2009/4/7 22:22	光盘映像文件	1,440 KB

图 2 - 13

DOSBOX 的作用是允许用户在 64 位下使用 32、16 位的软件。如果不使用，会出现程序不兼容的情况。(由于两个窗口是一起作用的，所以不要关掉任何一个窗口)

第二步　双击打开 DOSbox，出现两个 DOS 对话框，如图 2 - 14 所示。

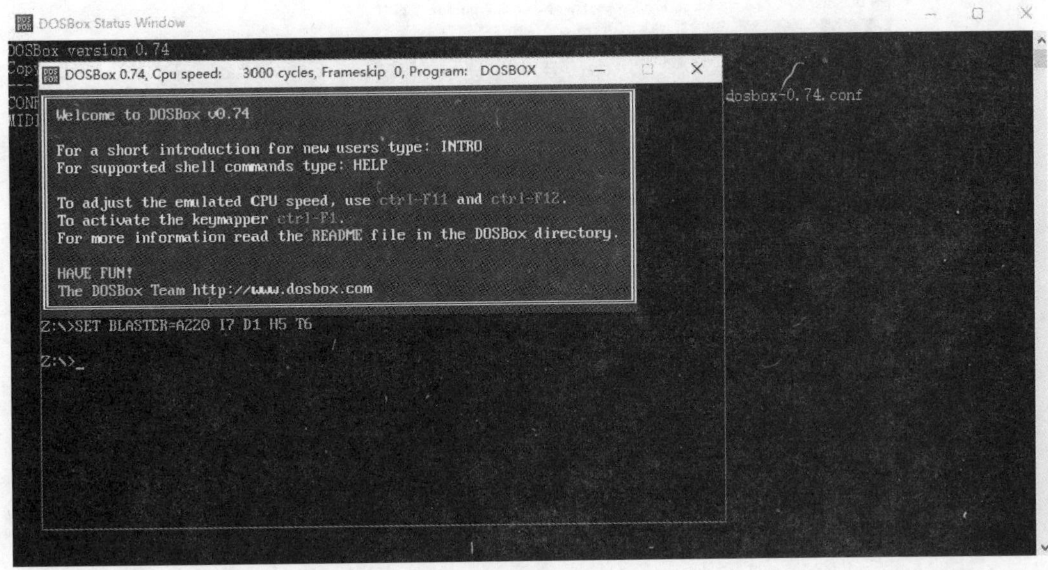

图 2-14

第三步　在较小的框中输入命令：mount c d:\masm

这一命令的作用是将 DOSBOX 的虚拟盘转变到本地的 D 盘 masm 文件夹。

回车后将当前路径指到 C 盘，也就是实际的 D 盘 masm 文件夹，如图 2-15 所示。

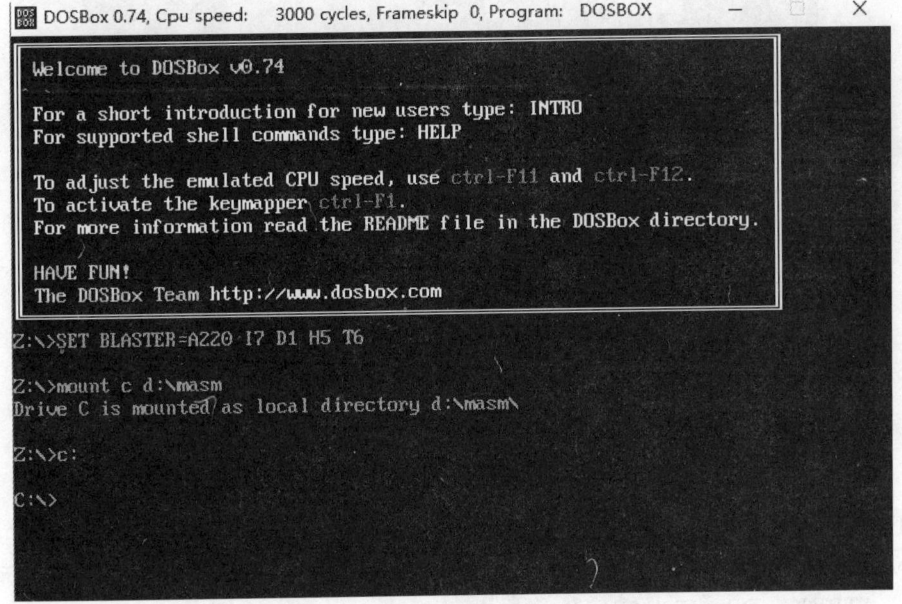

图 2-15

第四步　键入 edit，进入 edit 界面，如图 2-16 所示。（如果无效，检查 masm 文件夹中是否有 edit.exe 文件，如缺失可从网上下载）

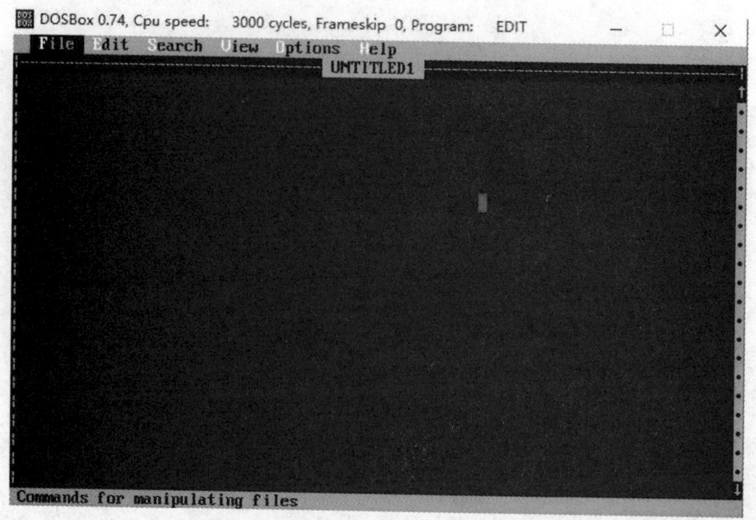

图 2 - 16

第五步 在此处编辑汇编语言代码，下方给出了示例代码。完成后点击 File→Save/Save As，键入文件名，一定要带“. asm”这一后缀，否则后续工作无法进行。建议就保存在当前路径即 masm 文件夹中，省去后面操作中输入路径的烦恼，如图 2 - 17 所示。

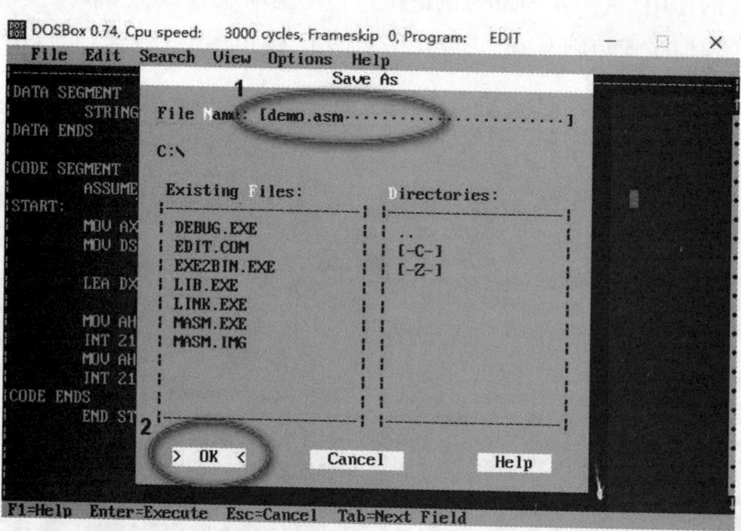

图 2 - 17

示例代码(注释仅帮助理解，无需输入)：

```
DATA SEGMENT
    STRING DB 'Hello World! ',13,10,'$'
    ;定义了一个字符串，标号是 STRING，其值是字符串首字符的地址
    ;DB 表示的是字符串中每个字符都是一个字节，每往后加 1 的时候，地址偏移量加 1
    ;13 CR 回车
```

```
    ;10 LF 换行
    ;$ 作为字符串的结束符
DATA   ENDS

CODE   SEGMENT
    ASSUME     CS:CODE,DS:DATA

START:
    MOV   AX,DATA
    MOV   DS,AX

    LEA   DX,STRING;LEA 获取偏移量,并将其存入 DX

    MOV   AH,9
    INT   21H ;INT 21H 是 DOS 中断的调用,其执行的操作根据 AH 里面的值来确定
            ;9,表示的是输出字符串,其地址为 DS:DX
    ;4CH 带返回码结束
    MOV   AH,4CH
    INT   21H
CODE   ENDS
    END   START
```

第六步　点击 File→Exit,退出编辑。输入 masm,直接进入编译器界面,如图 2-18 所示。

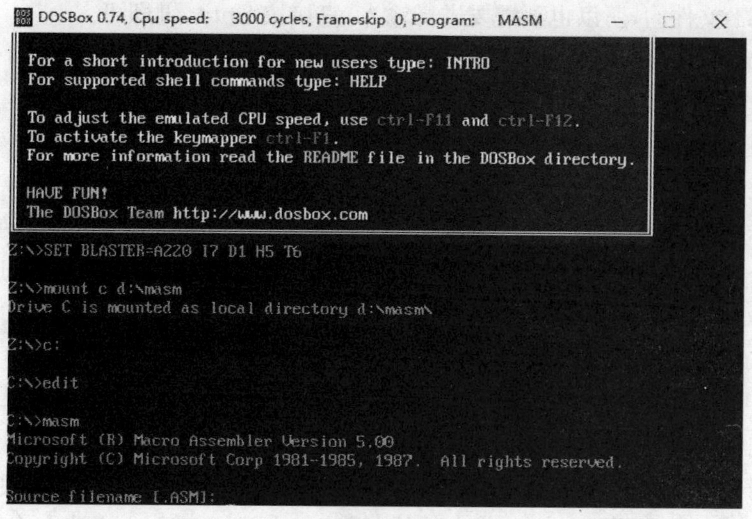

图 2-18

第七步　可以从图 2-18 中看到[.ASM]的标记,这个标记代表的是需要在这里输入要编译的源程序文件名,这里有一点特别的是,由于默认的文件扩展名为.asm,所以在编译.asm 的汇编源程序时可以不用指定源程序所在文件的扩展名,直接输入 demo 即可。

第八步 输入 demo 后，回车，如图 2－19 所示。

```
DOSBox 0.74, Cpu speed:   3000 cycles, Frameskip 0, Program:  DOSBOX

Z:\>SET BLASTER=A220 I7 D1 H5 T6

Z:\>mount c d:\masm
Drive C is mounted as local directory d:\masm\

Z:\>c:

C:\>edit

C:\>masm
Microsoft (R) Macro Assembler Version 5.00
Copyright (C) Microsoft Corp 1981-1985, 1987.  All rights reserved.

Source filename [.ASM]: demo
Object filename [demo.OBJ]:
Source listing  [NUL.LST]:
Cross-reference [NUL.CRF]:

  51756 + 464788 Bytes symbol space free

      0 Warning Errors
      0 Severe  Errors

C:\>MASM.IMG
```

图 2－19

（1）Object filename：此时可以看到编译器提示需要输入要编译出的目标文件的名称，由于在一开始已经指定了 demo. asm，所以编译器自动指定了目标文件的名称为 demo. obj，如果在这里不做修改的话，则编译器会以默认目标文件名称 js. obj 进行输出，所以直接按 Enter 键即可。

（2）Source filename：提示需要输入列表文件的名称，其实是完全可以不要让编译器生成这个 LST 文件的，所以也不需要进行输入，直接按 Enter 键即可。

（3）Cross-reference：提示需要输入交叉引用文件的名称，这里也完全可以不要让编译器生成这个 CRF 文件，所以也不需要进行输入，直接按 Enter 键即可。

至此，汇编源程序编译成功。编译得到的结果就是在 D：\masm 下生成了一个 demo. obj 文件。读者可自行查看。

第九步 对目标文件进行连接：键入 link. exe，执行连接，如图 2－20 所示。

➢ Object Modules：此时提示需要输入被连接的目标文件的名称，这里也就是 demo. obj，由于在同一目录下，所以不需要指定路径，直接给出. obj 的名称即可，按 Enter 键。

➢ Run File：这里提示需要输入要生成的可执行文件的名称，此时如果想要将可执行文件输入到指定目录下，则需要指定目录，否则只需要指定名称即可，并且可以看到名称已有默认值：demo. exe，在这里选择默认值，直接按 Enter 键即可。

➢ List File：提示需要输入映像文件的名称，在这里，不需要生成这个文件，所以直接按 Enter 键。

➢ Libraries：提示需要输入库文件的名称，由于这个程序中没有使用任何的子程序，也就是根本没有调用什么库文件，所以这里也可以直接按 Enter 键处理。

➢ LINK：提示没有堆栈区，不必理会。

至此，整个目标文件的连接工作结束，得到的结果是一个 EXE 文件。

```
DOSBox 0.74, Cpu speed:   3000 cycles, Frameskip  0, Program:  DOSBOX
Source listing  [NUL.LST]:
Cross-reference [NUL.CRF]:

  51756 + 464788 Bytes symbol space free

      0 Warning Errors
      0 Severe  Errors

C:\>link.exe

Microsoft (R) Overlay Linker  Version 3.69
Copyright (C) Microsoft Corp 1983-1988.  All rights reserved.

Object Modules [.OBJ]: demo
Run File [DEMO.EXE]:
List File [NUL.MAP]:
Libraries [.LIB]:
LINK : warning L4021: no stack segment

C:\>

C:\>demo.exe
Hello World!

C:\>_
```

图 2-20

第十步　键入 demo. exe，回车执行。从图 2-20 可知，屏幕显示 Hello World，程序执行成功。

第十一步　键入 debug. exe，进入调试模式。具体操作如下，读者可自行实践，如图 2-21 所示。

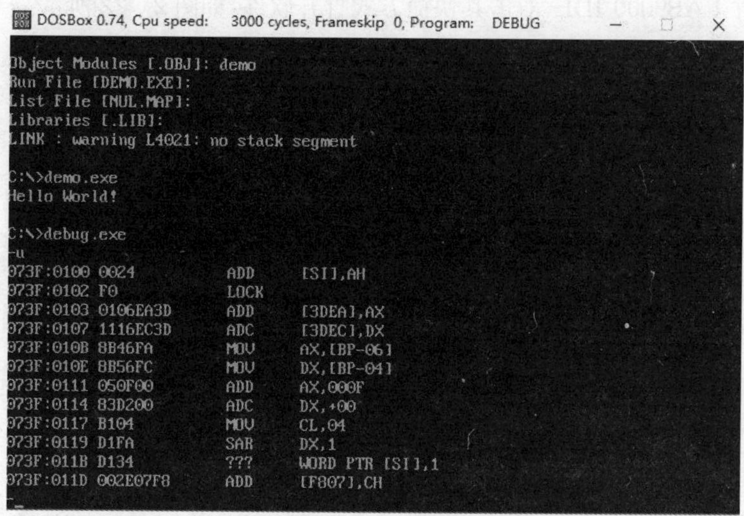

图 2-21　反汇编示例

-u：反汇编

-r：显示寄存器内容

-g：执行到断点处，后面 + 行号，例如 -G9

-d：查看数据

-q:退出返回操作系统

注意:32 位系统机无需 DOSBOX,可直接从 edit 步骤开始,之后的步骤相同。

2.3 伟福集成开发环境 LAB9000 介绍

LAB9000 是南京伟福公司推出的一款通用微控制器仿真实验系统,该仿真实验系统由板上仿真器、实验仪、仿真软件、开关电源构成。

该实验系统可根据需要实现 MCS51/MCS196 单片机原理与接口、8088/8086 微机原理与接口的一系列实验,实验板上提供了基本的实验电路,也在硬件上预留了自主开发实验的空间。对于基本实验,仅需连少量连接线就可完成,减少工作量。同时也提供了较为复杂的扩展性实验,以进一步锻炼学生的开发实践能力。此外,系统还为学生提供了优质的软、硬件调试手段。

该实验系统主机上有丰富的实验电路模块和灵活的组成方法,可以满足各种微机原理与接口的实验需求。该实验仪还具有通用仿真器所具有的逻辑分析仪、波形发生器和程序跟踪器等分析功能,可以让学生在做实验时不仅能了解程序的执行过程,更能直观地看到程序运行时的时序或者电路上的信号,便于学生调试程序,加深学生对执行过程的理解。

该实验系统不仅可以利用集成调试软件驱动板上仿真器进行仿真和实验,还可以不连接实验箱,仅利用 PC 机上的软件模拟的方式进行仿真,方便学生使用。

仿真软件 LAB9000 IDE,双击其快捷方式打开软件,如图 2-22 所示。

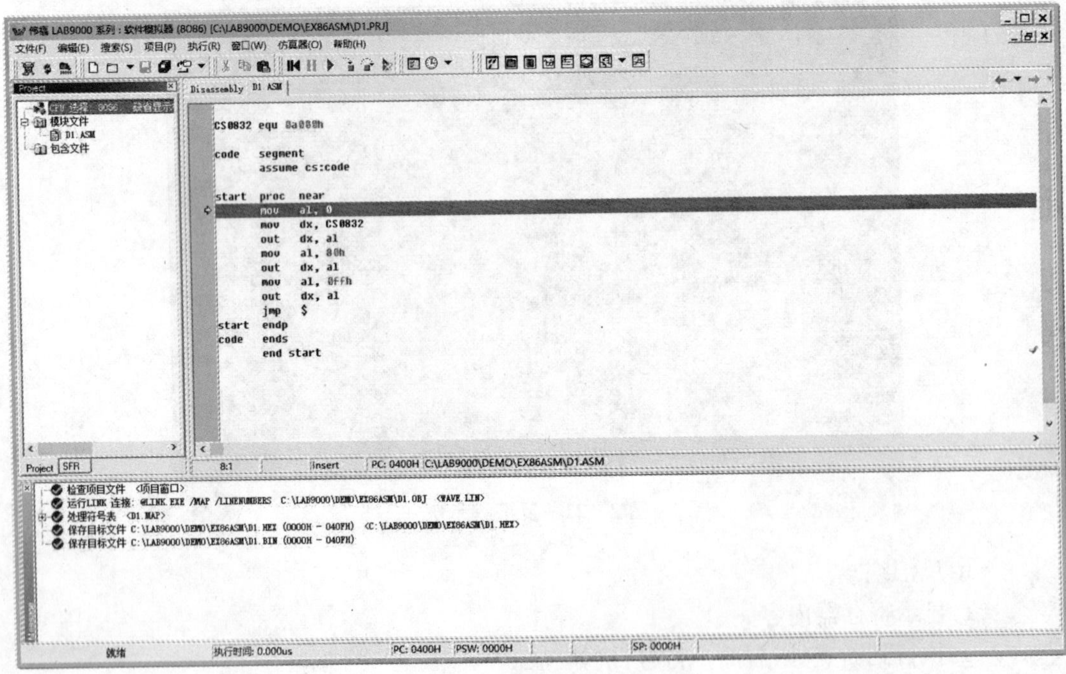

图 2-22 LAB9000 IDE

一、菜单栏(如图 2－23)

文件(F) 编辑(E) 搜索(S) 项目(P) 执行(R) 窗口(W) 仿真器(O) 帮助(H)

图 2－23 菜单栏

1. 文件(F)(如图 2－24)

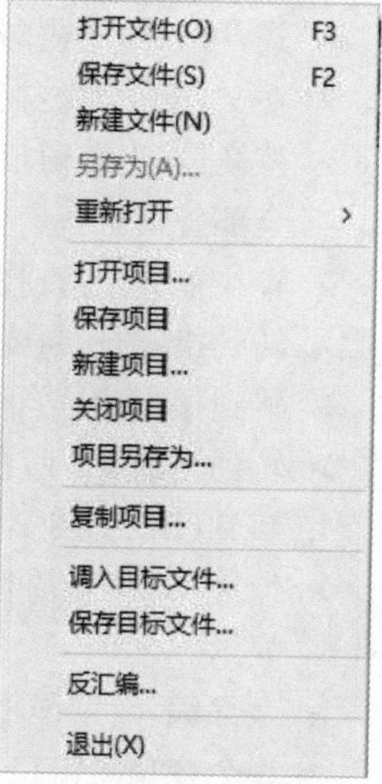

图 2－24 文件菜单

- 打开文件:打开已有的文件。
- 保存文件:保存用户的程序,程序编译前系统会自动保存已修改过的文件。
- 新建文件:建立一个新的用户程序。
- 另存为:将用户程序存储为另一个文件,原文件内容不变。
- 重新打开:下拉菜单中有最近打开过的文件及项目,选择相应的文件或项目即可重新打开。
- 打开项目:打开一个用户项目,用户可设置仿真类型,加入用户程序,进行编译,调试。同一时间只能打开一个项目。
- 保存项目:将用户项目保存,编译项目时会自动保存。
- 新建项目:建立一个新项目。
- 关闭项目:关闭当前项目。
- 项目另存为:将项目换名存盘,但不会将项目中的模块和包含文件换成另一个名字存盘。
- 复制项目:将项目的所有模块备份到另一个地方。
- 调入目标文件:装入用户已编译好的目标文件。系统支持两种目标文件格式:BIN、HEX 格式。

  BIN(二进制):由编译器生成的二进制文件,也就是程序的机器码。

  HEX(英特尔格式):由英特尔定义的一种格式,用 ASCII 码来存储编译器生成的二进制代码,这种格式包括地址、数据和校验。
- 保存目标文件:将用户编译生成的目标文件存盘。
- 反汇编:将可执行的代码反汇编成汇编语言程序。
- 退出:退出系统,如果退出前有修改过的文件没有保存,系统会提示是否保存。

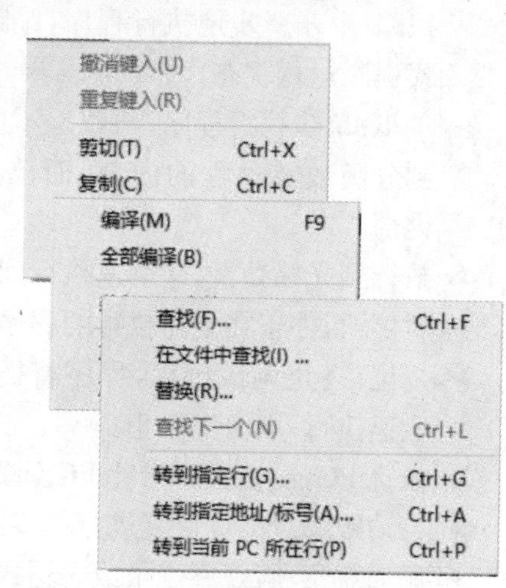

图 2－25 搜索(编辑、项目)菜单

2. 编辑(E)(如图 2－25)

- 撤销键入:取消上一次文本操作。
- 重复键入:恢复被取消的文本操作。

- 剪切:删除所选定的文本内容,并将其送到剪贴板上。
- 复制:将选定的内容复制到剪贴板上。
- 粘贴:将剪贴板上的内容插入光标位置。
- 全选:选定当前窗口所有内容。

3. 搜索(S)

- 查找:在当前窗口中查找符号、字符串。可以指定区分大小写方式、全字匹配方式,可以向上或向下查找。
- 在文件中查找:在指定的一批文件中查找某个关键字。
- 替换:在当前窗口查找相应的文字,并替换成指定的文字,可以在指定处替换或者全部替换。
- 查找下一个:查找文字符号下一次出现的地方。
- 转到指定行:将光标转到程序的某一行。
- 转到指定地址/标号:将光标转到指定地址或标号所在的位置。
- 转到当前 PC 所在行:将光标转到 PC 所在的程序位置。

4. 项目(P)(如图 2-26)

- 编译:编译当前窗口的程序,如有错误会在信息窗口显示。
- 全部编译:编译项目中所有的模块,包含文件。如有错误会在信息窗口显示。
- 装入 OMF 文件:建好项目后,无需编译,直接装入在其他环境中编译好的调试信息,在伟福环境中调试。
- 加入模块文件:在当前项目中添加一个模块文件。
- 加入包含文件:在当前项目中添加一个包含文件。

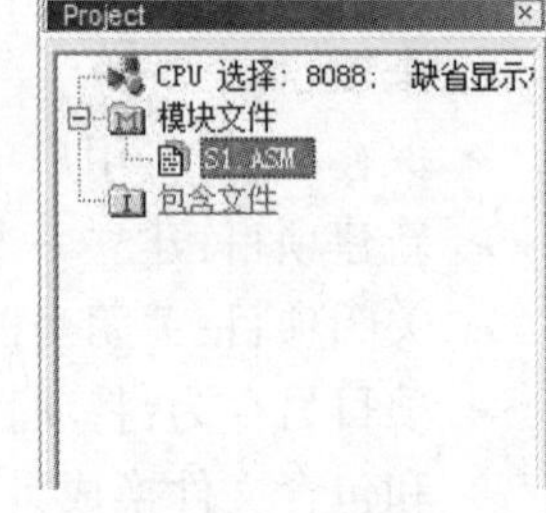

图 2-26 工程窗口

5. 执行(R)(如图 2-27)

全速执行(R)	Ctrl+F9
跟踪(T)	F7
单步(S)	F8
执行到光标处(C)	F4
暂停(U)	
复位(E)	Ctrl+F2
设置PC	Ctrl+F3
自动跟踪/单步(A)	
添加观察项...	Ctrl+F5
设置/取消断点(B)	Ctrl+F8
清除全部断点(C)	

图 2-27 执行菜单

- 全速执行:运行程序。
- 跟踪:一步一步地执行程序,跟踪程序执行的每步,观察程序运行状态。
- 单步:单步执行程序,与跟踪不同的是,跟踪可以跟踪到分函数及过程的内部,而单步则不跟踪到分函数内部。
- 执行到光标处:程序全速执行到光标所在行。
- 暂停:暂停正在全速执行的程序。
- 复位:终止调试过程,程序将被复位。如果程序正在全速执行,则应先停止。
- 设置 PC:设置程序指针 PC 到光标所在行,程序将从光标所在行开始执行。
- 自动跟踪/单步:重复进行单步或跟踪执行程序。
- 添加观察项:观察变量或表达式的值,可以在观察窗口中看到。
- 设置/取消断点:在光标所在行设置断点。若已有断点,则取消该断点。

> 清除全部断点：清除程序中所有的断点。

6. 窗口(W)(如图 2－28)

> 项目窗口：打开项目窗口，以便在项目中加入模块或包含文件。

> 信息窗口：显示系统编译输出的信息。如果程序有错，会以图标形式指出，如图 2－29 所示。

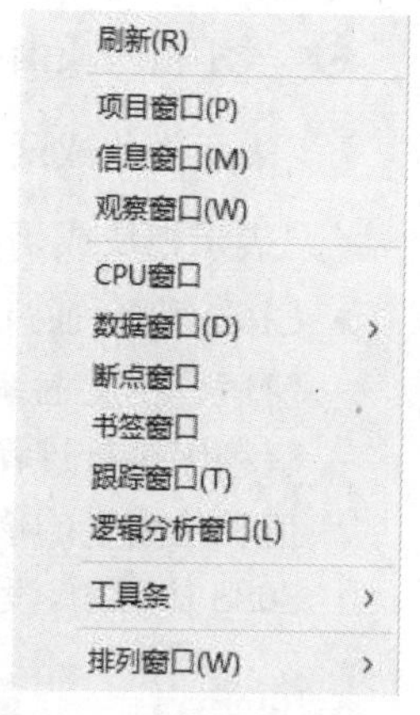

图 2－28　窗口菜单

表示错误，　表示警告，　表示通过

图 2－29

在编译信息行会有相关的生成文件，双击鼠标左键，或单击右键在弹出菜单中选择“打开”功能，可以打开相关文件。（如果有编译错误，双击左键可以在源程序中指出错误所在行，也可能在前一行或者后一行）

```
H10.ASM | Disassembly |
; ASM for 8086/8088
mode    equ 082h
CONTRL  equ 08003h
STATUS  equ 08001h
CS0832  equ 09000h

DC_P    equ 1

code    segment
        assume cs:code

delay   proc near
        pusn  cx
        push  ax
        mov   ax, h
```

```
Message
检查项目文件  <项目窗口>
运行ASM 汇编: ML.EXE /c /Zd C:\LAB9000\DEMO\EX86ASM\H10.ASM  <H10.LST>
Microsoft (R) Macro Assembler Version 6.14.8444
Copyright (C) Microsoft Corp 1981-1997.  All rights reserved.
Assembling: C:\LAB9000\DEMO\EX86ASM\H10.ASM
C:\LAB9000\DEMO\EX86ASM\H10.ASM(14) : error A2008: syntax error : cx
C:\LAB9000\DEMO\EX86ASM\H10.ASM(15) : warning A4012: line number information for segm
error A2008: syntax error : cx  <C:\LAB9000\DEMO\EX86ASM\H10.ASM>
```

图 2－30

例如图 2－30 中，双击错误提示，pusn 行变红色惊叹号，可以看到，误将 push 写为 pusn。

> 观察窗口：一个最简单的观察窗口如图 2－31 所示。项目编译正确后，可以在观察窗口中看到当前项目中的所有模块，各模块中的所在过程和函数，各个过程函数中的各个变量、结构。

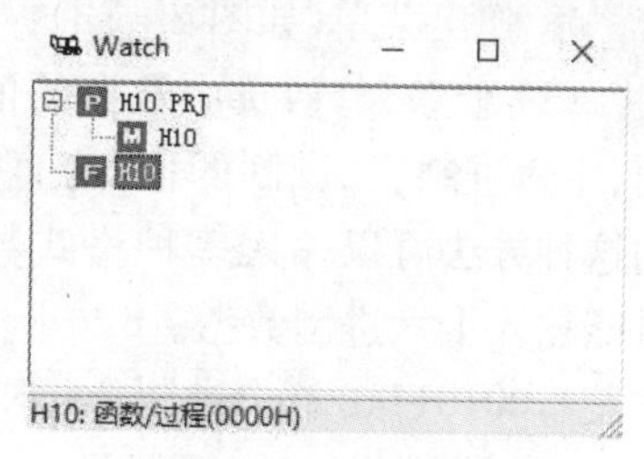

图 2－31　观察窗口

观察窗口也可以用观察数据时效分析，程序时效分析，代码覆盖以及影子存储器等分析结果。

P 表示当前项目，双击可以展开，观察到项目中的模块和项目所使用的变量。

M 表示项目中所包括的模块。双击可以展开，观察到项目中包含的过程函数。

F 表示模块中的函数，双击可以观察到模块中所用到的变量。

表示模块或函数中使用的简单变量。

表示模块或函数中使用的数组，双击可以展开数组，观察数组中各值的变化。

表示模块或函数中使用的结构，双击可以展开结构，观察结构内部变量值。

表示模块或函数中使用的指针。

表示模块或函数中使用的标号。

- CPU 窗口：通过 CPU 窗口，可以打开反汇编窗口（如图 2-32），SFR 窗口和 REG 窗口。在反汇编窗口中可观察编译正确的机器码及反汇编程序，可以更清楚地了解程序执行过程。SFR 窗口中可以观察到单片机使用的 SFR（特殊功能寄存器）值和位变量的值。REG 窗口为 R0…R7、A、DPTR 等常用寄存器的值。在 8086/8088 体系中，没有 REG。

```
Disassembly
0030H B082     MOV   AL, 82H     ;   mov  al,mode
0032H BA0380   MOV   DX, 8003H   ;   mov  dx,CONTRL
0035H EE       OUT   DX, AL      ;   OUT  dx,al
0036H BA0090   MOV   DX, 9000H   ;   mov  dx,CS0832
0039H B0FF     MOV   AL, FFH     ;   mov  al,0ffh
003BH EE       OUT   DX, AL      ;   out  dx,al
003CH E8C1FF   CALL  0000H       ;   call delay
003FH E8CFFF   CALL  0011H       ;   call read
0042H BA0090   MOV   DX, 9000H   ;   mov  dx,CS0832
0045H B0C0     MOV   AL, C0H     ;   mov  al,0c0h
0047H EE       OUT   DX, AL      ;   out  dx,al
0048H E8B5FF   CALL  0000H       ;   call delay
004BH E8C3FF   CALL  0011H       ;   call read
```

图 2-32 CPU 窗口（反汇编窗口）

反汇编窗口内为程序地址，机器码，反汇编码。在机器码窗口内也支持点屏功能，在反汇编码处，点击寄存器，可以看到寄存器的值。

- 数据窗口：在数据窗口中可以看到 CPU 内部的数据值，红色的为上一步执行过程中改变过的值，窗口状态栏中为选中数据的地址，可以在选中的数据上直接修改数据的十六进制值，也可以用弹出菜单的修改功能。

- 弹出菜单（如图 2-33）：

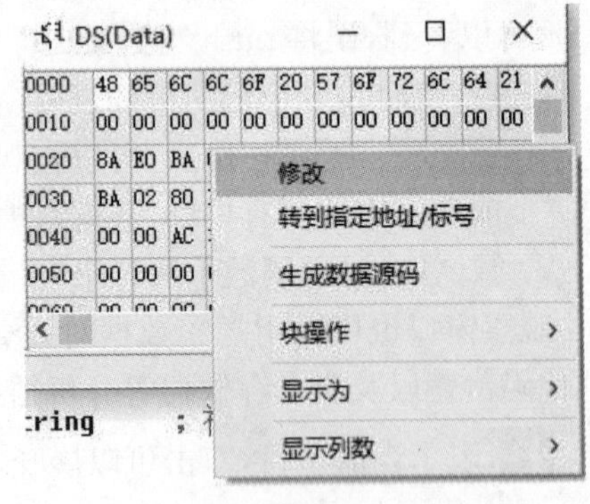

图 2-33

（1）修改：修改选中数据的值，可以输入十进制、十六进制、二进制的值，与直接修改不同的是用这种方法可以输入多种格式数据，而直接修改只能输入十六进制数据。47（十进制），2EH（十六进制），00101110B（二进制）都是有效的数据格式。

（2）转到指定地址/标号：将数据地址直接转到指定的地址和标号所在的位置。

（3）生成数据源码：将窗口中某段数据转换成源程序方式的数据，可以贴到源程序中。

（4）块操作：对窗口中的数据块进行填充、移动、写文件、读入等操作。

（5）显示为：选择不同的数据类型显示数据内容，可以是字节方式（BYTE），也可以是字方式（WORD），可以是长整型（LOINGINT），也可以是实数型（REAL）。这里是选择整个窗口的显示方式。

(6) 显示列数：将窗口中数据以 4 列、8 列、16 列方式显示，适应不同需要。

➢ 断点窗口：通过断点窗口可以管理项目内的断点，可以在断点窗口中直观地看到断点的行号、内容，可以通过断点迅速定位程序所在的位置。

➢ 书签窗口：通过书签窗口可以管理项目内的书签，在项目中迅速定位程序位置。

➢ 跟踪窗口：显示跟踪器捕捉到的程序执行的轨迹，其中可以看到帧号、时标、反汇编程序、对应的源程序和程序所在的文件名。

➢ 逻辑分析窗口(如图 2-34)：在这窗口中观察到逻辑分析仪所采集到的波形，可以设置不同的采样方式，以满足各种情况下的需要。逻辑分析仪是数字设计中不可缺少的设备，通过它可以清楚地看到程序执行时各口输出的波形。

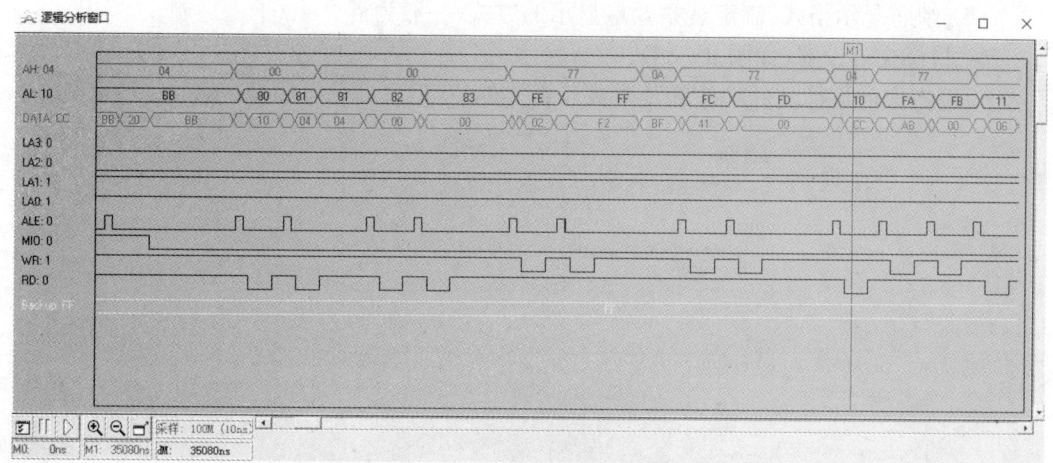

图 2-34 逻辑分析窗口示例

➢ 工具条：可以打开/关闭菜单上的各个功能的快捷按钮。

➢ 排列窗口：对打开的程序窗口进行管理。

7. 仿真器设置(O)

➢ 语言(如图 2-35)：

仿真器设置
语言 | 目标文件 | 仿真器
编译器路径 C:\COMP86\ 浏览...
ASM 命令行 /c /Zd
C 命令行 /c /Fa
LINK 命令行 /MAP /LINENUMBERS
编译器选择
Microsoft assembler, VC
Borland Turbo assembler V3.0, Turbo C V2.0
缺省显示格式
二进制
十进制
十六进制
字符
混合十,十六进
✓好 ✗取消 ?帮助

图 2-35

注意：以下命令行参数，除非用户对其非常了解并且确实需要修改这些参数，一般情况下，不要修改系统给出的缺省参数，以免不能正常编译。

(1) 编译器路径：指明本系统汇编器，编译器所在位置。一般默认选择即可。

(2) ASM 命令行：若使用英特尔汇编器，则需加上所需命令行参数。若使用伟福汇编器，则需选择是否使用伟福预定义的符号。一般默认选择即可。

(3) C 命令行：项目中若有 C 语言程序，系统进行编译时，使用此行参数对 C 程序进行编译。一般默认选择即可。

(4) LINK 命令行：系统对目标文件链接时，使用此参数链接。一般默认选择即可。

(5) 编译器选择：选择如图 2－35 即可。

(6) 缺省显示格式：制定观察变量显示的方式，一般为混合十/十六进制。

➢ 目标文件设置(如图 2－36)：

设置生成的目标文件的地址及生成目标文件的格式。

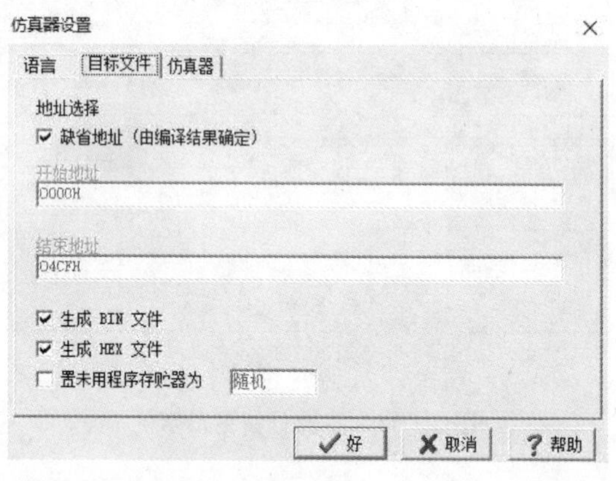

图 2－36

➢ 仿真器设置(如图 2－37)：

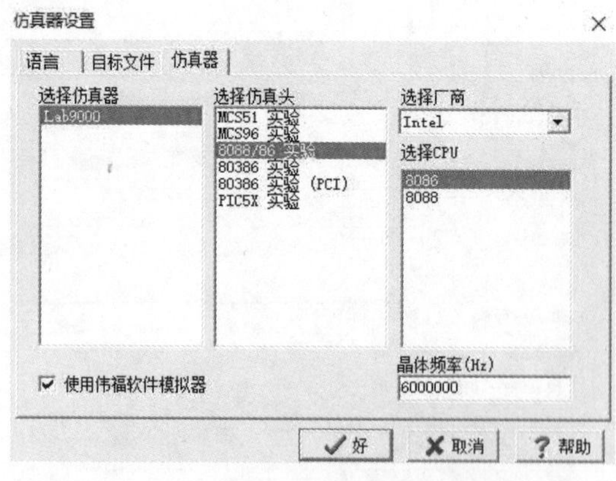

图 2－37

做8086/8088系列实验时，选择Lab9000→8086/88实验→8086或8088；做MCS51单片机实验时，则选择MCS51实验。

当连接实验箱时，将“使用伟福软件模拟器”前的√去掉。晶体频率除特殊要求外，使用默认值即可。

➢ 跟踪器/逻辑分析仪设置(如图2-38)：

(1) 记时器：在程序下面的状态栏可以看到程序执行的时间。(在用硬件单步执行程序时，记时器显示的时间可能略高于实际值，这是因为仿真器在采样时间时加入了监控时间，在全速执行多条指令时，监控时间可以忽略不计)

(2) 逻辑笔：通过逻辑笔可以方便地检测到电路的高低电平、脉冲频率和数量。

跟踪器/逻辑分析仪设置...
工作方式选择
记时器
逻辑笔
跟踪器
影子存储器 (Lab9000 不支持该功能)
代码覆盖 (Lab9000 不支持该功能)
数据时效分析 (Lab9000 不支持该功能)
程序时效分析 (Lab9000 不支持该功能)
逻辑分析仪
波形发生器 (Lab9000 不支持该功能)
好　取消　帮助

图2-38

(3) 跟踪器：通过跟踪器，可以方便地看到程序实际执行的过程，在跟踪器窗口中可以观察到程序执行时间、执行过的机器码、反汇编程序、源程序、源程序所在文件。跟踪程序动态执行过程，找出程序中一些不可预见的错误。

(4) 逻辑分析仪：通过逻辑分析仪，可以看硬件工作时各点的状态，直观地用波形一一表达，更易检查出硬件、软件设计中的错误。

➢ 设置文本编辑器(如图2-39)：

可在仿真器→设置文本编辑器中设置自己喜爱的文本编辑环境。

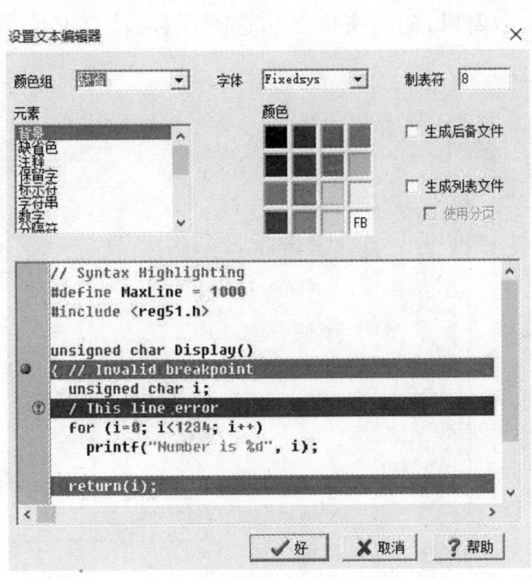

图2-39

8. 帮助(H)

如图2-40所示，可在帮助菜单中设置语言或打开相关帮助手册。

图 2-40

二、工具栏

图 2-41 工具栏

工具栏(如图 2-41)是将菜单中的一些常用项提出,便于使用。将鼠标停留在其图标上即可显示其功能,故不再详细介绍。

第一步 新建项目。

首先选择菜单中的新建文件选项。

如图 2-42 所示,出现一 NONAME1 文件窗口,在该窗口输入用户的代码后选择保存。

出现如图 2-43 所示窗口,输入文件名后选择保存,注意文件名为 XX. ASM 格式。

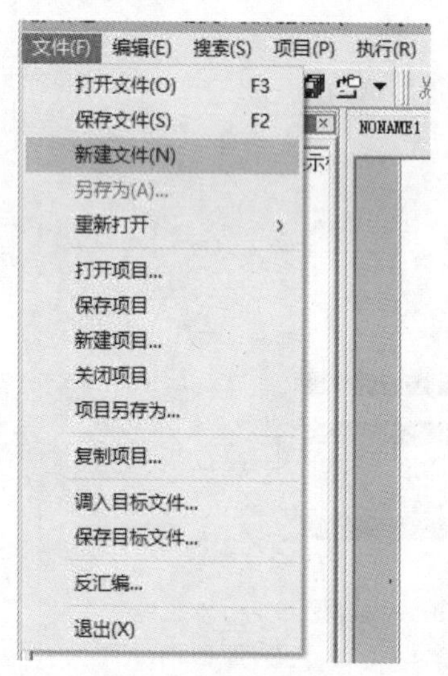

图 2-42 新建文件

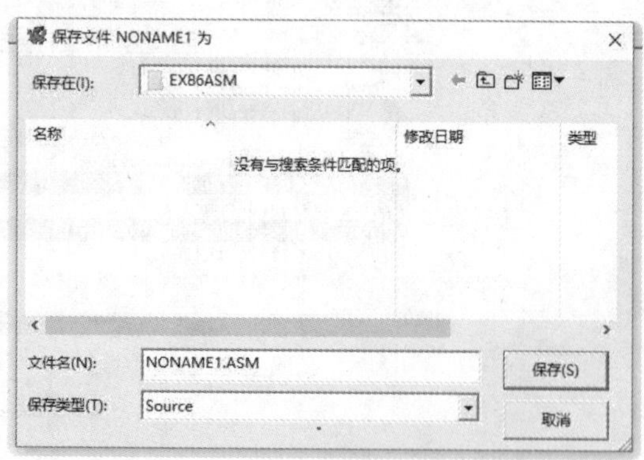

图 2-43 保存文件

选择文件菜单中的新建项目选项,出现添加模块文件窗口,如图 2-44 所示,选择刚才保存的文件添加。然后会出现添加包含文件窗口,如图 2-45 所示,本次没有包含文件可以直接点取消。最后会出现保存项目窗口(如图 2 - 46),输入项目名后选择保存,则新建项目完成。

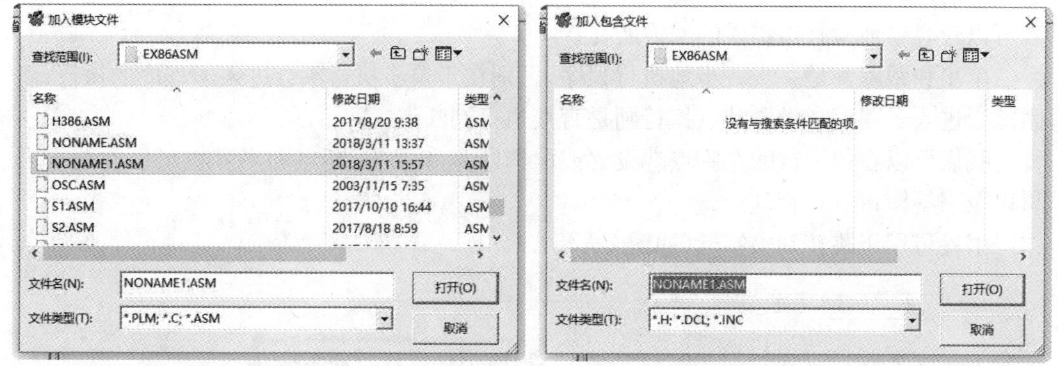

图 2 - 44　加入模块文件　　　　图 2 - 45　加入包含文件

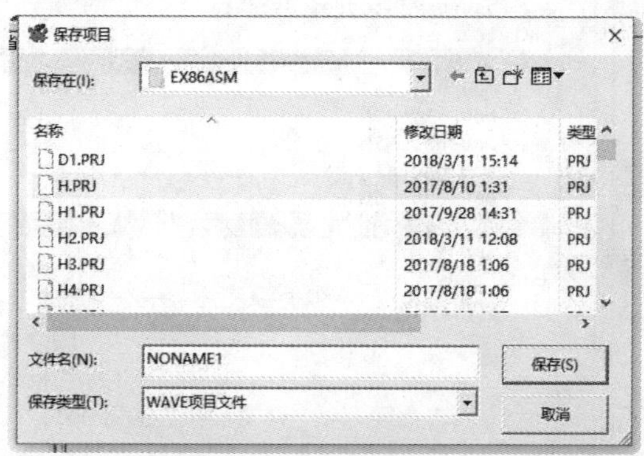

图 2 - 46　保存项目

新建好项目后还需进行仿真器设置(如图 2 - 47),根据用户的仿真需要选择相应的仿真器,这里选择 8086 仿真器,设置好后就可以开始调试程序。

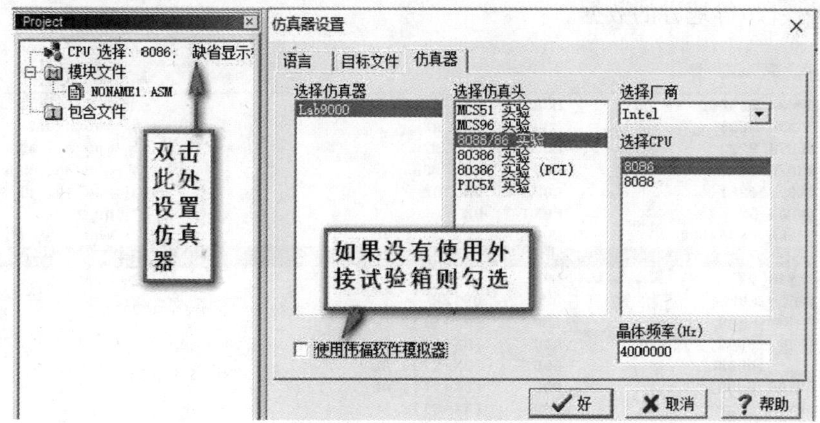

图 2 - 47　仿真器设置

第二步　程序调试。

程序调试一般采用跟踪或单步执行以及设置断点执行等调试方式，这样可以在 SFR 窗口清楚地观察到寄存器的值的变化，也可以打开数据窗口观察内存中的值的变化，这样就可以较容易地检查出错误的原因所在。

单步和跟踪都是一步一步地执行程序，区别在于单步执行不会进入子程序的执行，而跟踪会进入子程序。设置断点执行则是直接执行到断点。

我们可以在每一行的左侧点选设置或取消断点和书签，断点和书签也可以在断点窗口以及书签窗口进行管理。

书签可用于跳转到书签行（如图 2-48）。

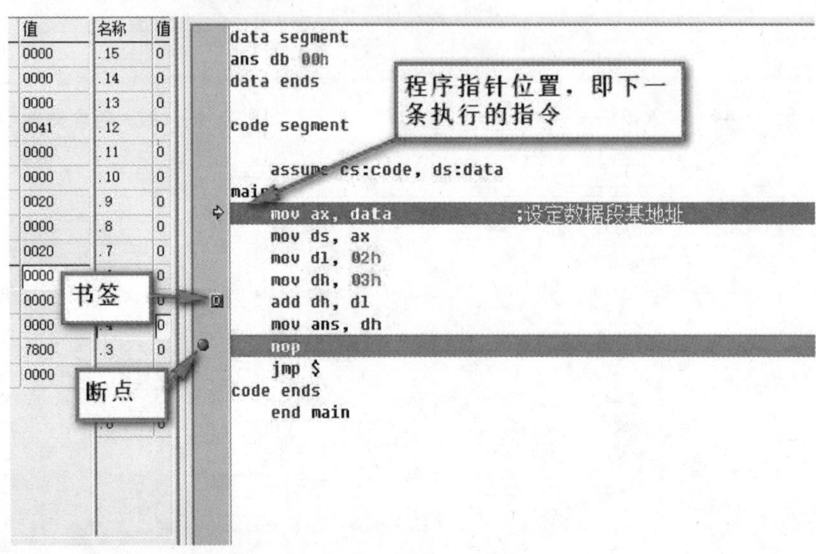

图 2-48　断点和书签

调试程序时，我们可以打开 CPU 窗口（如图 2-49）看到程序的机器码和对应存储在代码段的地址，我们也可以通过数据窗口（如图 2-50）查看存储在 CS（代码段）、DS（数据段）、SS（堆栈段）等地方的数据。

```
S1.ASM  Disassembly
0000H B84000     MOV   AX, 0040H       ;   mov ax, data
0003H 8ED8       MOV   DS, AX          ;   mov ds, ax
0005H B202       MOV   DL, 02H         ;   mov dl, 02h
0007H B603       MOV   DH, 03H         ;   mov dh, 03h
0009H 02F2       ADD   DH, DL          ;   add dh, dl
000BH 52         PUSH  DX              ;   push dx
000CH 88360000   MOV   [0000H], DH     ;   mov ans, dh
0010H 5A         POP   DX              ;   pop dx
0011H 90         NOP                   ;   nop
0012H EBFE       JMP   0012H           ;   jmp $
      FF00       INC   [BX+SI]
      0000       ADD   [BX+SI], AL
      0000       ADD   [BX+SI], AL
001AH 0000       ADD   [BX+SI], AL
001CH 0000       ADD   [BX+SI], AL
```

机器码

地址

图 2-49　CPU 窗口

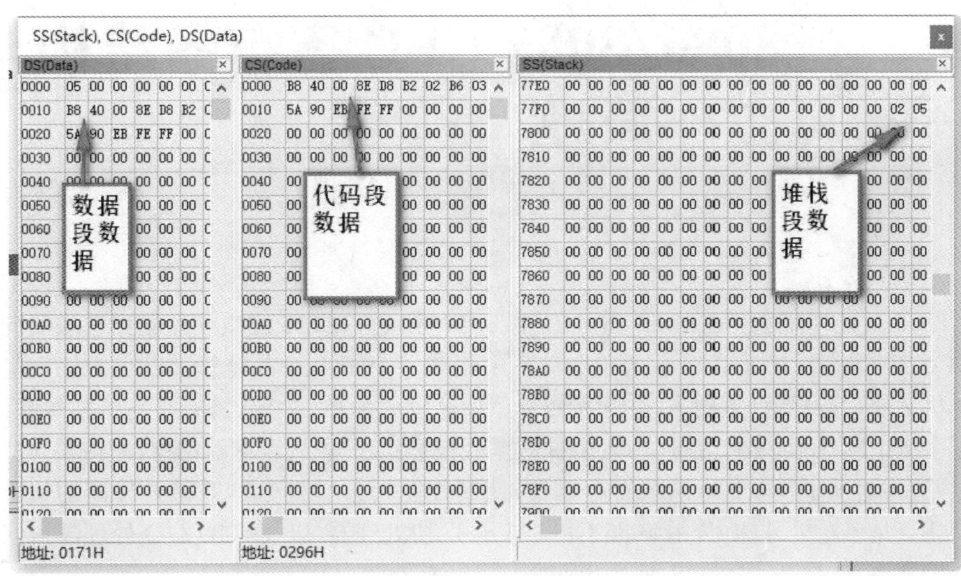

图 2-50　数据窗口

另外我们还可以利用逻辑分析仪查看系统总线上的数据变化，调试程序（外接实验箱才有效）。首先打开菜单中仿真器→跟踪器/逻辑分析仪设置→勾选逻辑分析仪→选择好即可。在运行程序前在工具栏或窗口选项打开逻辑分析仪（如图 2-51），运行程序时即可看到对应的总线波形。

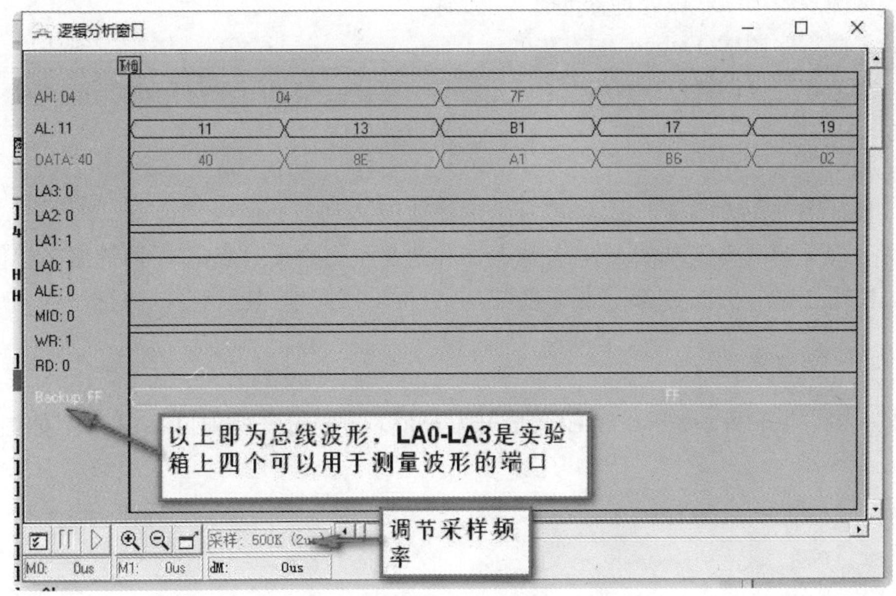

图 2-51　逻辑分析仪

第三章 8086/8088 CPU 寄存器结构与工作原理

8086 微处理器是美国 Intel 公司在 1978 年推出的一种 16 位微处理器。它采用硅栅 HMOS 工艺制造，在 1.45 cm^2 的单个硅片上集成了 29 000 个晶体管。以它为核心组成的微机系统，其性能已达到当时中、高档小型计算机的水平。8086 具有丰富的指令系统，采用多级中断技术、多种寻址方式、多种数据处理形式、分段式存储器结构，硬件乘除法运算电路，并增加了预取指令队列寄存器等，使其性能大为增强。8086 微处理器的一个突出的特点是多重处理能力，用 8086 CPU 与 8087 协处理器，以及 8089 I/O 处理器可组成多处理器系统，提高了数据处理能力和输入输出能力。

实验 2 调试程序和逻辑分析仪的使用

一、实验目的

1. 理解 8086/8088 的工作原理
2. 掌握 8086/8088 微处理器的寄存器结构
3. 掌握程序调试(Debug)的方法
4. 熟悉和掌握逻辑分析仪的使用方法

二、实验内容

1. 打开实例实验项目工程，学习开发环境使用。
2. 运行并调试实例程序，观察各寄存器和内存空间的数据变化，学习调试工具使用。
3. 使用逻辑分析仪功能，采集总线数据，分析示例简单程序指令的执行过程。

三、实验步骤

第一步 打开 Wave6000 IDE(集成开发环境)，并打开实例项目 EX1. prj，如图 3 - 1 所示。

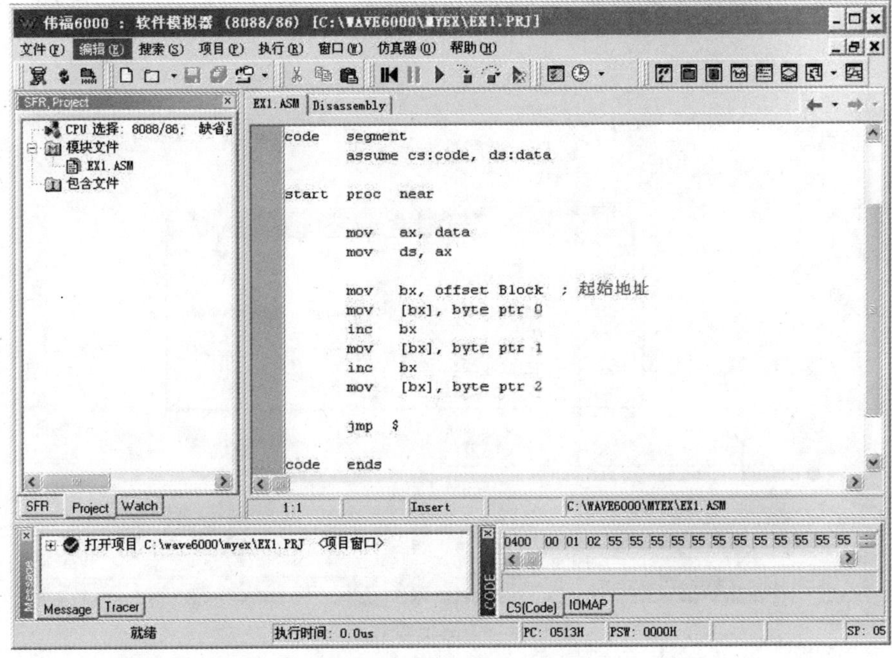

图 3－1　开发环境主界面

第二步　硬件仿真器设置。

点击“仿真器”菜单，打开“仿真器设置”选项界面，设置硬件仿真调试，选择合适的仿真器和通信串口，设置如图 3－2，图 3－3 所示。

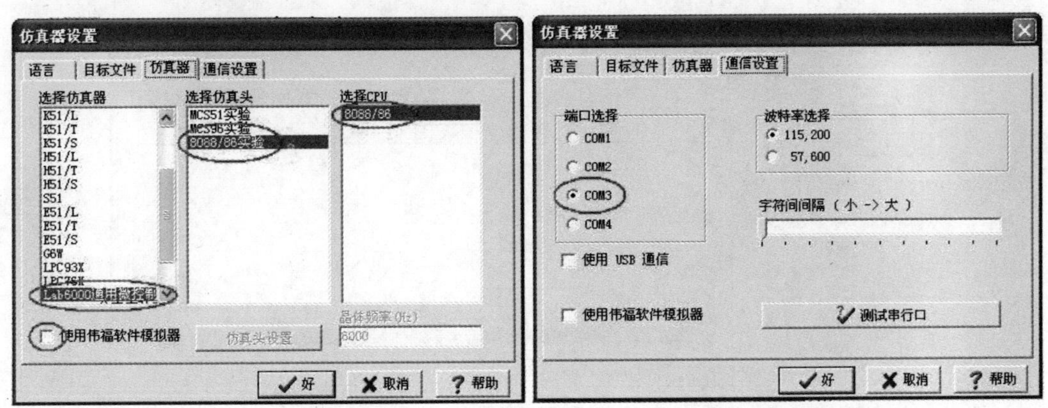

图 3－2　仿真器设置 a　　　　图 3－3　仿真器设置 b

设置成功后，结果界面如图 3－4 所示。

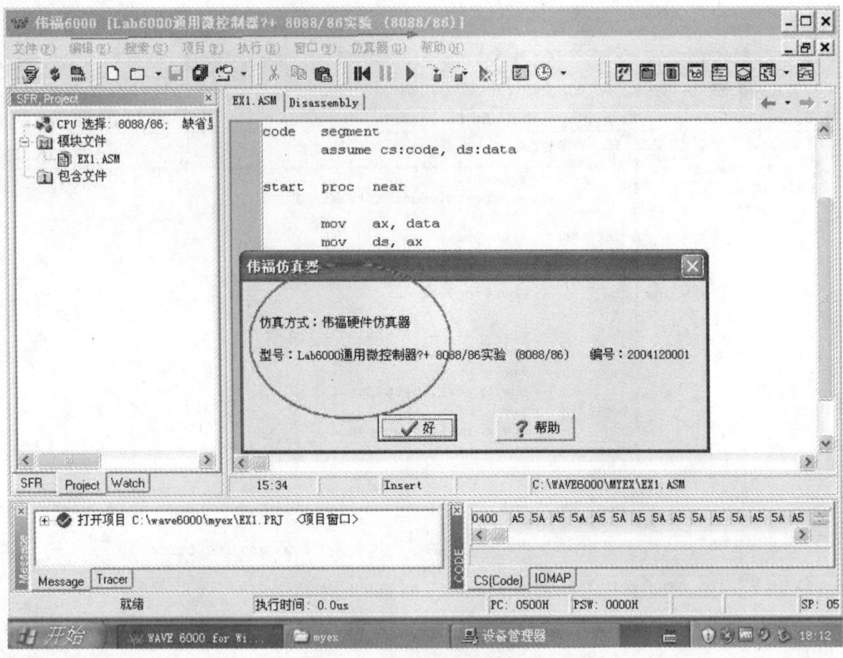

图 3-4 仿真器设置结果

第三步 单步调试。

打开 EX1.asm 汇编语言文件，点击“项目”菜单中的“编译”或“全部编译”选项，并下载程序。单击工具栏中的“跟踪”或“单步”按钮，单步执行程序，如图 3-5 所示，观察 SFR（寄存器）和相应内存地址中数据的变化。当程序运行至图 3-5 所示所指的位置时，相应的内存地址单元（0x0400）内容改为 0。

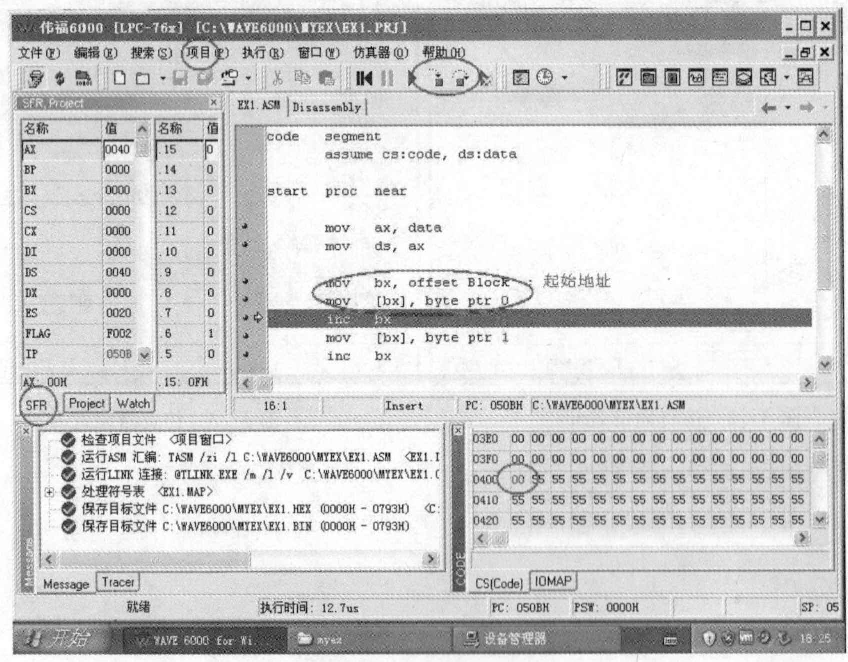

图 3-5 单步调试界面

第四步 使用逻辑分析仪。

点击“仿真器设置”菜单中“跟踪器/逻辑分析仪”选项，选中“逻辑分析仪”选项，如图 3-6 所示。

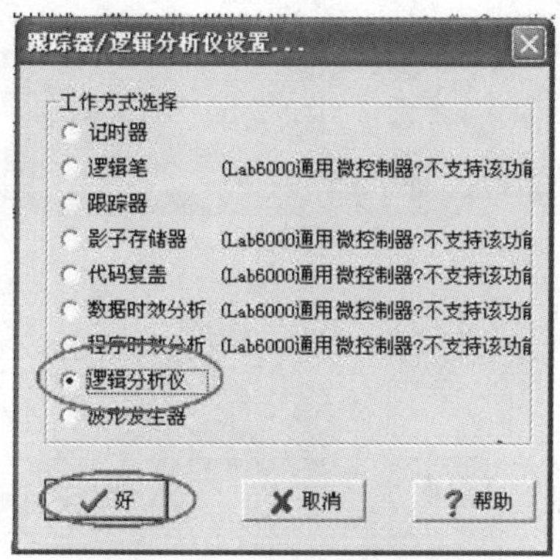

图 3-6 逻辑分析仪设置

在程序代码“jmp \$”处设置断点，点击工具栏复位按钮，系统处于复位状态。

使用连接导线连接实验箱中“逻辑分析仪 L0”和“8088 CLK”两个引脚，以使逻辑分析仪采集 CPU 的时钟引脚。

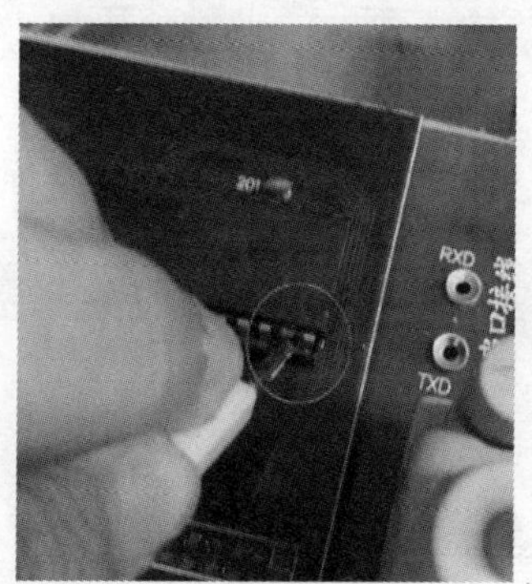

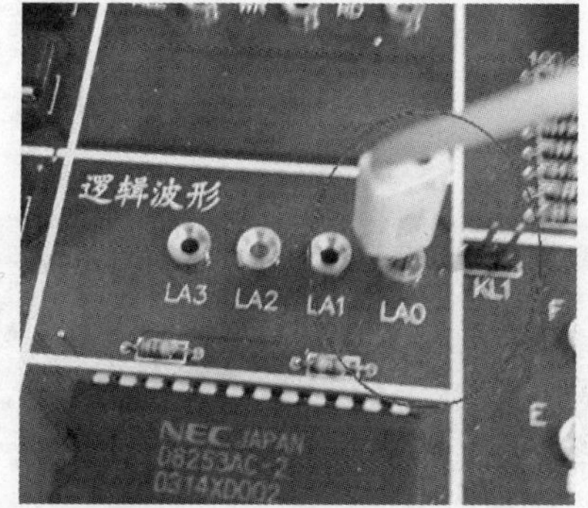

图 3-7 CPU CLK 信号采集图示

单击全速运行，则程序在运行过后在断点处停止。点击“逻辑分析仪”按钮，弹出逻辑分析仪采集窗口。

手动调出汇编窗口(Disassembly)。

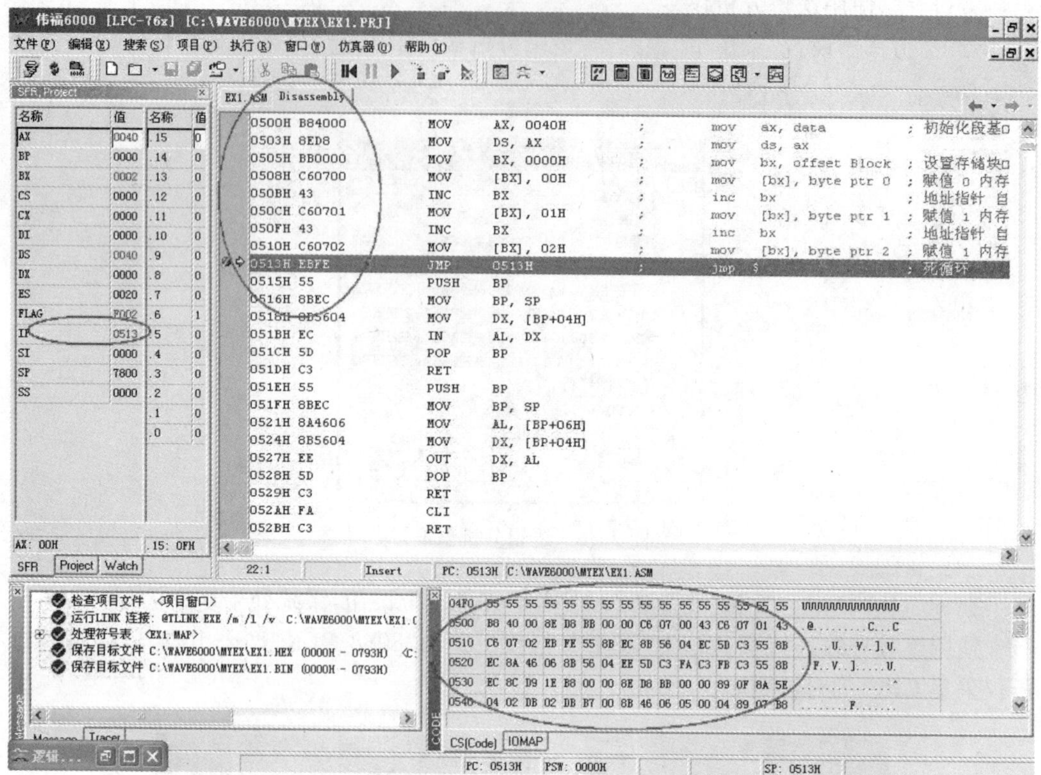

图 3-8 汇编窗口

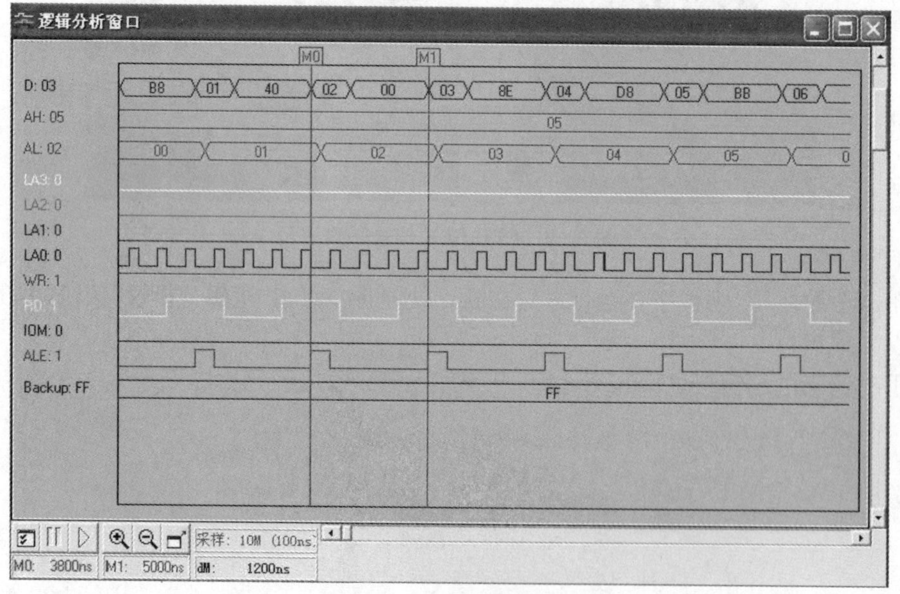

图 3-9 逻辑分析仪窗口 a

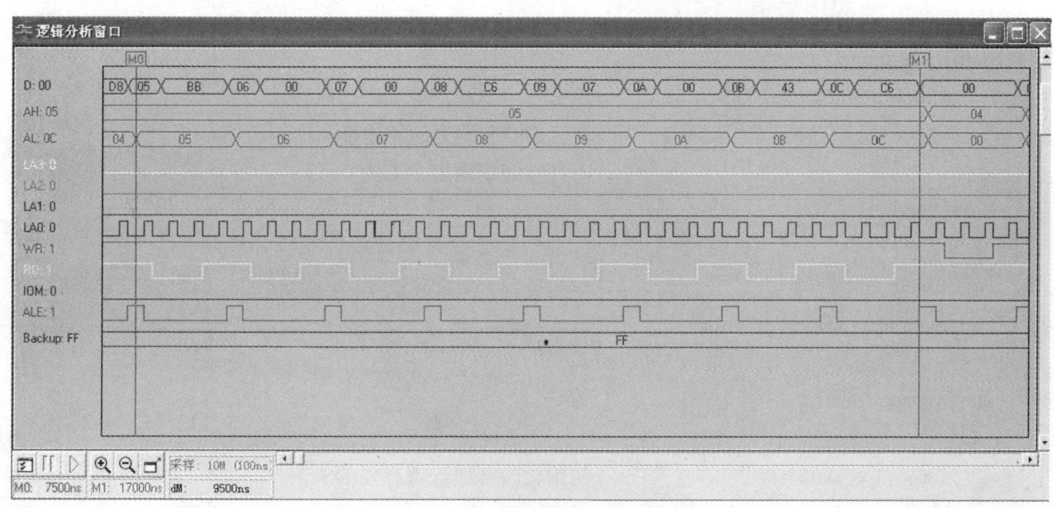

图 3－10　逻辑分析仪窗口 b

第五步　逻辑分析仪采集数据分析。

由汇编窗口(图 3－8 所示)可知,本实验程序的主要核心代码经编译后,以机器语言(8086/8088 所能够识别的二进制代码)形式存放于内存地址的 0X0500～0X0514 单元中,且机器指令长度不一。IP(程序指针寄存器)指明了当前所取指令的内存单元地址。

逻辑分析仪窗口(图 3－9、图 3－10 所示)中各个总线意义:

D:8088 处理器"时钟/数据"复用总线

AH:8088 处理器高八位地址总线

AL:经过了 8286 锁存器锁存的 8088 低八位地址总线

LA0:手动连接的 8088CPU 的时钟信号

RD:8088 读有效

WR:8088 写有效

由此可看出:

(1) 一个总线周期,指的是 8088 从外部存储器(即内存)中取得一个字节数据的时间。如图 3－9 中游标 M0、M1 标明内容所示,一个总线包含了 4 个时钟周期,其中,地址、数据、ALE、RD、WR 信号分别在特定时段有效,配合完成一个总线周期。

(2) 8088 遵循了冯・诺依曼的"存储—读取—执行"的程序运行过程。如图 3－9 所示,从 0X0500 地址起取得指令码"0XB84000",共三个字节。

(3) 一个指令周期包含了指令的读周期和指令的执行周期。由图 3－8 可知,mov [bx] byte ptr 0 的机器码为"C60700",存储地址为 0X0508 开始的三个内存单元,该指令的意义为"向内存单元写入一个字节,写入数据为 0,写入地址为:以 DS 为段基地址,以 BX 为段内偏移地址"。由图 3－10 可以看出,8088CPU 首先使用了三个总线周期读取了该指令的机器码,但并没有立即执行。在光标 M1 处,出现了向地址 0X0400 写入数据 0 的写总线时序操作。由此可以知道,8088 在内部使用了指令流水线,读取的指令首先存入指令流水线,等待前序指令执行完成后,开始执行本指令。

Ex1.asm 源程序清单：

```
data   segment
     Block   db 256 dup(55h)            ;定义一个 256 字节大小的内存块
                                        ;块名 Block 即为起始地址
                                        ;内存空间中内容全部为 0x55
data   ends

code   segment
     assume cs:code, ds:data

start   proc   near

     mov   ax, data                     ;初始化段基地址寄存器 DS
     mov   ds, ax

     mov   bx, offset Block             ;设置存储块的起始地址
     mov   [bx], byte ptr 0             ;赋值 0 内存地址为 DS*16+BX
     inc   bx                           ;地址指针自增
     mov   [bx], byte ptr 1             ;赋值 1 内存地址为 DS*16+BX
     inc   bx                           ;地址指针自增
     mov   [bx], byte ptr 2             ;赋值 1 内存地址为 DS*16+BX

     jmp   $                            ;死循环
start   endp
code   ends
     end   start
```

四、思考题

1. 调试的概念和作用是什么。

2. 结合实验，分析 ALE 信号发生的时刻和作用。

3. 结合任意实际程序，分析 8088CPU 在最小模式工作时的总线周期、指令周期，并结合逻辑分析仪图示，分析读指令、写指令、乘法指令等的执行过程。

4. 当 8088 工作在最小模式，系统总线形成需要哪些控制信号，作用分别是什么？结合实验图示进行说明。

第四章 基础汇编语言程序实验

4.1 基本指令学习应用

用通俗的话来说，指令就是指挥计算机硬件按一定时间顺序工作的命令。指令是一组特定的二进制编码，该编码通过指令解码电路(ID)成为控制不同的逻辑电路(微操作电路)的电信号，在时序电路的驱动下，完成某一特定的工作。CPU 的指令系统就是专门设计的特定的二进制编码的集合。

所谓寻址方式就是操作数地址的形成方法，通俗地讲，即为如何找到操作数，以及运算结果存放在哪里。操作数可以存放在指令区(程序区)、数据区和寄存器区三个地方，指令中如何说明操作数存放的地方，就是寻址方式所要解决的问题，其中程序区和数据区都在内存中，寄存器区在 CPU 中。8086/8088 确定操作数地址的方式有立即寻址、直接寻址、寄存器寻址、寄存器间接寻址、变址寻址和基址加变址寻址等。指令中若有两个操作数，则不管第一个操作数是否参加运算，它都是存放结果的目的操作数。

实验 3　指令寻址方式、物理地址计算和基本指令应用

一、实验目的

1. 掌握 8086/8088 指令系统中的全部操作数寻址方式
2. 学习基本指令使用方法

二、实验内容

1. 运行实验实例程序，分析程序运行过程中，CS、IP、DS、ES、SS、BX、BP、SI 的值，指出每句指令的寻址方式，计算物理地址，并与实验结果对比寻址计算的正确性。

2. 自行编制基本指令，学习基本指令的用法，并在计算机开发环境中验证指令的正确性。

三、实验步骤

Ex_07 参考代码：

```
data segment
    d1 db 01h
    d2 dw 0203h
    d3 dw 0405h
data ends

code segment
    ;指派:将定义的各个段与相应的段基址寄存器联系起来
    ;伪指令,由编译器使用
    assume cs:code, ds:data
main:
    mov ax, data                ;设定数据段基地址
    mov ds, ax
    mov ax, stack               ;设定堆栈段基地址
    mov ss, ax
    mov ax, edata               ;设定扩展段基地址
    mov es, ax
    mov al, d1                  ;直接寻址(d1)
    mov bx, offset d2           ;立即数寻址(offset d2)
    mov ax, [bx]                ;寄存器间接寻址([bx])
                                ;寄存器寻址(ax)
    mov si, 2
    mov ax, 1[bx]               ;寄存器相对寻址
    mov ax, [bx][si]            ;基址加变址寻址
    mov ax, 1[bx][si]           ;基址加变址寻址
    push ax                     ;压栈
    pop  bx                     ;弹栈
    jmp $
main endp
code ends
    end main
```

四、实验习题

1. 编制程序实现上述7种指令寻址方式。

2. 在开发环境中输入以下指令,根据"编译出错信息"分析其错误原因,并修正。

```
mov al,bx
mov 100h,al
mov bl,[si][di]
mov [bx],[si]
mov [ax],bx
```

```
mov byte ptr[si],256
mul ax
```

3. 自行编制指令代码,实验各种数据传送类指令、算术逻辑指令等指令,学习它们的用法。

4. 实验报告要求:分析自定义代码的指令,指出其命令代码的存放地址,指出其寻址方式并计算其物理地址。

4.2　数据格式转换实验

微处理器、微控制器所接收到的外部数据大多以 ASCII 码和 BCD 码为主,而 CPU 则只能处理二进制数据。数据处理完成后,需要以 ASCII 码或 BCD 码的格式对外输出。通信计算系统中常用格雷码,微处理器一般都具有专用的浮点数处理器以加速浮点数。因此,各种码制之间的转换必不可少。

一、BCD 码

BCD 码(Binary-Coded Decimal)是二进制编码的十进制数的缩写,BCD 码用 4 位二进制数表示一位十进制数。

BCD 码可分为有权码和无权码两类:有权 BCD 码有 8421 码、2421 码、5421 码,其中 8421 码是最常用的,无权 BCD 码有余 3 码,余 3 循环码等。例如,8421BCD 码各位的数值范围为 2＃0000～2＃1001,对应于十进制数 0～9。

BCD 码也可分为压缩 BCD 码和非压缩 BCD 码两种,压缩 BCD 码与非压缩 BCD 码的区别——压缩 BCD 码的每一位用 4 位二进制表示,一个字节表示两位十进制数。例如 10010110B 表示十进制数 96D;非压缩 BCD 码用 1 个字节表示一位十进制数,高四位总是 0000,低 4 位的 0000～1001 表示 0～9,例如 00001000B 表示十进制数 8。

BCD 码不能使用十六进制的 A～F(2＃1010～2＃1111)这 6 个数字。BCD 码本质上是十进制数,因此相邻两位逢十进一。

在程序中,怎么知道一个数字是 BCD 码还是十六进制数呢?

(1) 看数据的来源和用途。BCD 码一般用于输入和输出,例如来自拨码开关的数据是 BCD 码,送给显示电梯楼层的译码器芯片的是 BCD 码。

(2) 看手册的规定。例如,某温度指标变量在程序手册中规定,以压缩 BCD 码表示。

二、格雷码(循环二进制码或反射二进制码)

在数字系统中只能识别 0 和 1,各种数据要转换为二进制代码才能进行处理,格雷码是一种无权码,采用绝对编码方式,典型格雷码是一种具有反射特性和循环特性的单步自补码,它的循环、单步特性消除了随机取数时出现重大误差的可能,它的反射、自补特性使得求反非常方便。格雷码属于可靠性编码,是一种错误最小化的编码方式,因为自然二进制码可以直接由数/模转换器转换成模拟信号,但某些情况,例如从十进制的 3 转换成 4 时二进制码的每一位都要变,使数字电路产生很大的尖峰电流脉冲。而格雷码则没有这一缺点，它是一种数字排序系统，其中的所有相邻整数在它们的数字表示中只有一个数字不同。它在任意两个相邻的数之间转换时，只有一个数位发生变化。它大大地减少了由一个状态到下一个状态时逻辑的混淆。另外由于最大数与最小数之间也仅一个数不同，故通常又叫格雷反射码或循环码。下表为自然二进制码与格雷码的对照表：

十进制数	自然二进制数	格雷码	十进制数	自然二进制数	格雷码
0	0000	0000	8	1000	1100
1	0001	0001	9	1001	1101
2	0010	0011	10	1010	1111
3	0011	0010	11	1011	1110
4	0100	0110	12	1100	1010
5	0101	0111	13	1101	1011
6	0110	0101	14	1110	1001
7	0111	0100	15	1111	1000

1. 自然二进制码转换成二进制格雷码

自然二进制码转换成二进制格雷码，其法则是保留自然二进制码的最高位作为格雷码的最高位，次高位格雷码为二进制码的高位与次高位相异或，而格雷码其余各位与次高位的求法相类似。

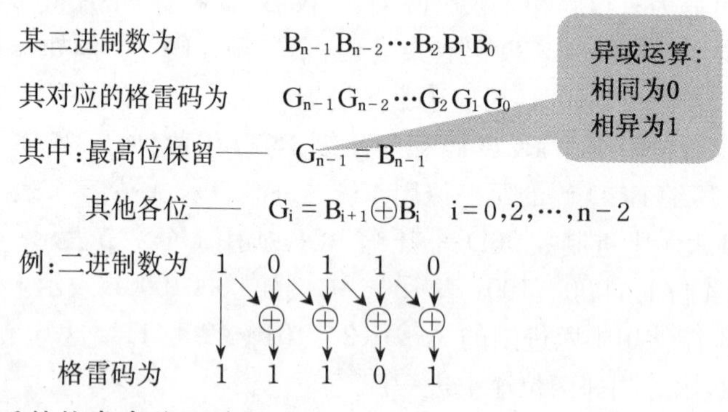

某二进制数为 $B_{n-1}B_{n-2}\cdots B_2B_1B_0$
其对应的格雷码为 $G_{n-1}G_{n-2}\cdots G_2G_1G_0$
其中:最高位保留—— $G_{n-1}=B_{n-1}$
其他各位—— $G_i=B_{i+1}\oplus B_i$ $i=0,2,\cdots,n-2$
例:二进制数为 1 0 1 1 0
格雷码为 1 1 1 0 1
异或运算:
相同为0
相异为1

2. 二进制格雷码转换成自然二进制码

二进制格雷码转换成自然二进制码，其法则是保留格雷码的最高位作为自然二进制码的最高位，次高位自然二进制码为高位自然二进制码与次高位格雷码相异或，而自然二进制码的其余各位与次高位自然二进制码的求法相类似。

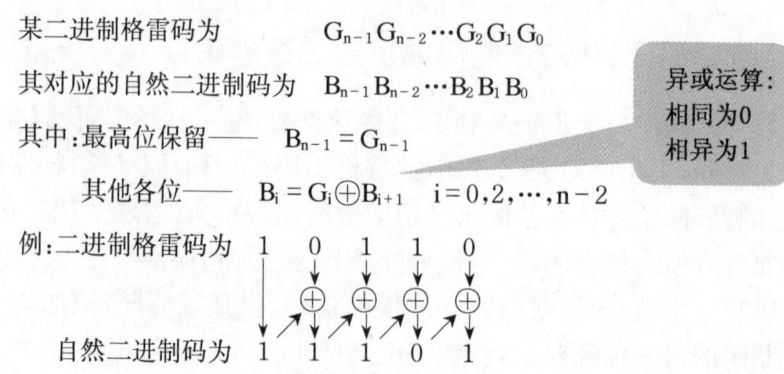

某二进制格雷码为 $G_{n-1}G_{n-2}\cdots G_2G_1G_0$
其对应的自然二进制码为 $B_{n-1}B_{n-2}\cdots B_2B_1B_0$
其中:最高位保留—— $B_{n-1}=G_{n-1}$
其他各位—— $B_i=G_i\oplus B_{i+1}$ $i=0,2,\cdots,n-2$
例:二进制格雷码为 1 0 1 1 0
自然二进制码为 1 1 1 0 1
异或运算:
相同为0
相异为1

三、ASCII 码(American Standard Code for Information Interchange,美国信息交换标准代码)

ASCII 码是基于拉丁字母的一套电脑编码系统,主要用于显示现代英语和其他西欧语言。它是现今最通用的单字节编码系统,并等同于国际标准 ISO/IEC 646。

ASCII 码使用指定的 7 位或 8 位二进制数组合来表示 128 或 256 种可能的字符。标准 ASCII 码也叫基础 ASCII 码,使用 7 位二进制数(剩下的 1 位二进制为 0)来表示所有的大写和小写字母,数字 0 到 9、标点符号,以及在美式英语中使用的特殊控制字符。

四、IEEE 754 标准

IEEE 754 标准是 IEEE 二进位浮点数算术标准(IEEE Standard for Floating-Point Arithmetic)的标准编号,等同于国际标准 ISO/IEC/IEEE 60559。该标准由美国电气电子工程师学会(IEEE)计算机学会旗下的微处理器标准委员会发布。这个标准定义了表示浮点数的格式(包括负零 - 0)与反常值(denormal number),一些特殊数值(无穷(Inf)与非数值(NaN))。

在计算机中,浮点数一般由三部分组成:

数值的符号位、阶码和尾数。

这种浮点数是用科学记数法来表示的,即:浮点数 = 符号位.尾数×2 阶码。

根据 IEEE 754 国际标准,常用的浮点数有两种格式:

(1) 单精度浮点数(32 位),阶码 8 位,尾数 24 位(内含 1 位符号位)。

(2) 双精度浮点数(64 位),阶码 11 位,尾数 53 位(内含 1 位符号位)。

(3) 临时浮点数(80 位),阶码 15 位,尾数 65 位(内含 1 位符号位)。

符号位也是“0”代表正数;“1”代表负数。阶码用移码表示,尾数规格化形式,但格式如下:1. XXX…X。由于最高位总是 1,因此省略,称为隐藏位(临时实数则不隐藏)。以单精度浮点数为例,实际尾数比规格化表示大 1,而阶码部分的移码是 127,即$[E]_{移} = 2n + E - 1 = 127 + E$,这样尾数与通常意义的尾数的含义不一致。为了区别,754 中的尾数称为有效数。

偏移阶码	实际阶码值
0	保留做操作数
1	- 126
2	- 125
…	…
127	0
128	1
129	2
…	…
254	127
255	保留

当运算结果小于规格化浮点数所能表示的最小值时，早期硬件处理策略为结果置 0 或者产生一个下溢陷阱。IEEE 754 处理方法是使用非规格化数。这时阶码为 0（即移码 −127），尾数没有隐含位，最高位是 0。这样的结果是降低精度，扩大表示范围。如原来规格化单精度最小值是 1.0×2^{-126}，而非规格化单精度最小值是 $2^{-23}\times2^{-126}=2^{-149}$（只有 1 位有效位）。

1. 十进制数转换成浮点数的步骤

第一步　将十进制数转换成二进制数：整数部分用 2 来除，小数部分用 2 来乘；

第二步　规格化二进制数：改变阶码，使小数点前面仅有第一位有效数字；

第三步　计算阶码：

短型浮点数的阶码加上偏移量 7FH

长型浮点数的阶码加上偏移量 3FFH

扩展型浮点数的阶码加上偏移量 3FFFH

第四步　以浮点数据格式存储。

把数值的符号位、阶码和尾数合在一起就得到了该数的浮点存储形式。

2. 浮点数转换成十进制数的步骤

该步骤与前面“十进制数转换成浮点数”的步骤是互逆的，其具体步骤如下：

第一步　分割数字的符号、阶码和有效数字；

第二步　将偏移阶码减去偏移，得到真正的阶码；

第三步　把数字写成规格化的二进制数形式；

第四步　把规格化的二进制数改变成非规格化的二进制数；

第五步　把非规格化的二进制数转换成十进制数。

实验 4　8421BCD 码与二进制数之间的转换

一、实验目的

1. 掌握各种码制的格式，学习 BCD 码制与二进制相互转换的方法

2. 学习和掌握程序调试的方法

二、实验内容

编制程序 BCDBin，分别实现 1 字节压缩 BCD 码和 2 字节非压缩 BCD 码转换为二进制数据。

要求变量定义如下：

变量名	变量类型	变量功能
BCD1	DB	压缩 BCD 码数据
BCD2	DW	非压缩 CBD 码数据
BCD1R	DB	压缩 BCD 码转换结果
BCD2R	DW	非压缩 BCD 码转换结果

三、实验步骤

1. Ex_04 参考流程图

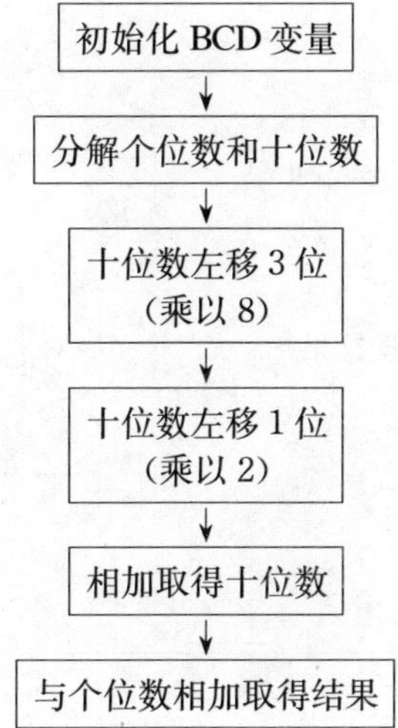

2. Ex_04.asm 源程序清单

```
data  segment
BCD1  DW  34H
BCD2  DD  0506H
BCD1R  DW  0
BCD2R  DW  0
data  ends

code  segment
    assume cs:code, ds:data
start  proc  near
    mov  ax, data              ;初始化段基地址寄存器 DS
    mov  ds, ax

    ;压缩 BCD 码转换为二进制
    mov  bx, offset BCD1       ;写入偏移量
    mov  dl, [bx]              ;待转换数据移入 dl
    mov  dh, dl                ;复制数据
    and  dl, 0fh               ;高位清零保留 BCD 码个位数字
    shr  dh, 4                 ;右移,保留 BCD 码十位数字
    mov  ah, dh                ;复制十位数字
    shl  ah, 3                 ;十位数字左移 3 位,*8
    shl  dh, 1                 ;十位数字左移 1 位,*2
    add  ah, dh                ;相加得十位结果
```

```
    add  ah, dl ;相加得全部数据结果

;非压缩 BCD 码转换为二进制
    mov  bx, offset BCD2 ;
    mov  dx, [bx];
    mov  ah, dh
    shl  ah, 3 ;十位数字左移 3 位, * 8
    shl  dh, 1 ;十位数字左移 1 位, * 2
    add  ah, dh ;相加得十位结果
    add  ah, dl ;相加得全部数据结果

    jmp  $ ;死循环
start  endp
code  ends
    end  start
```

实验 5　格雷码转换实验

一、实验目的

1. 掌握各种码制的格式,学习格雷码与二进制相互转换的方法
2. 学习和掌握程序调试的方法

二、实验内容

编制程序 Gree2Bin,实现 1 字节格雷码转换为 1 字节自然二进制数。

要求变量定义如下:

变量名	变量类型	变量功能
GRee	DB	压缩 8421BCD 码原数据
Bin	DB	压缩 5421BCD 码转换结果

三、实验步骤

1. Ex_05 参考流程图

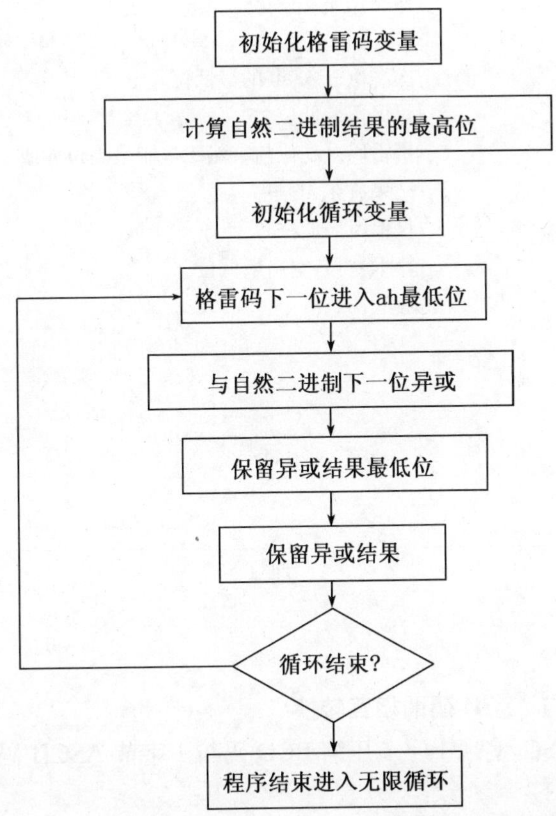

2. Ex_05 参考代码

```
data segment
    Gree db 95h
    Bin   db 0
data ends

code segment
    ;指派:将定义的各个段与相应的段基址寄存器联系起来
    ;伪指令,由编译器使用
    assume cs:code, ds:data
main:
    mov ax, data                ;设定数据段基地址
    mov ds, ax
    mov al, Gree
    mov dl, al
    and dl, 080h                ;最高位保持不变
```

```
        rol dl, 1                ;循环左移一位最高位变为最低位
                                 ;为循环代码准备
        rol ax, 1                ;最高位进入 ah
        mov cx, 7                ;初始化循环变量
mark:
        rol ax, 1                ;次高位进入 ah 的最低位
        and ah, 01h              ;仅保留最低位
        xor ah, dl               ;格雷码次高位与自然二进制最高位异或
                                 ;结果放在 ah 中
        and ah, 01h              ;仅保留最低位
        shl dl, 1                ;算术左移,空出最低位
        add dl, ah               ;最低位赋值
        loop mark
        mov Bin, dl
        jmp $
main endp
code ends
        end main
```

习 题

1. 压缩 BCD 码与 ASCII 码的相互转换

编制程序 BCDASC,实现 1 字节压缩 BCD 码与 1 字节 ASCII 码的相互转换。

要求变量定义如下:

变量名	变量类型	变量功能
BCDD	DB	压缩 BCD 码原数据
ASCR	DB	转换结果:ASCII 码数据
ASCD	DB	ASCII 码原数据
BCDR	DB	转换结果:压缩 BCD 码数据

并自行设定原数据,测试程序并查表,确定转换结果的正确性。

例如原数据为 0x65,转换后为 0x36,0x35。

2. IEEE 754 浮点数与二进制数之间的转换

考虑到浮点数表示数据范围较大,同时可以变换精度,因此,要求自定义转换范围和转换精度。设置报警标志位与精度标志位,超范围数据应该停止转换并置位报警标志位;超精度范围的数据,继续数据转换,舍去超精度数据,并置位超精度标志位。转换结果字节根据自定义的转换范围设置,应该包含整数部分和小数部分。

变量定义如下:

变量名	变量类型	变量功能
FloatD	DD	IEEE 754 标准浮点数 32 Bit(4 Byte)

RangeF	DB	超范围标志
AccuF	DB	超精度标志
BinR	DB	转换结果：二进制数，范围自定义

并自行设定原数据，确定转换结果的正确性。

3. 自然二进制转换为格雷码

编制程序，实现 4 字节自然二进制数转换为 4 字节格雷码。

要求变量定义如下：

变量名	变量类型	变量功能
Bin4	DD	自然二进制数
Gree4	DD	格雷码转换结果

并自行设定原数据，确定转换结果的正确性。

4. 二进制转换为 BCD

编制程序，实现 4 字节自然二进制数转换为 4 字节 BCD 码。

要求变量定义如下：

变量名	变量类型	变量功能
Bin4	DD	自然二进制数
BCD4	DD	BCD 转换结果

并自行设定原数据，确定转换结果的正确性。

5. 七段数码管编码

工程中常用七段式和八段式 LED 数码管，八段比七段多了一个小数点，其他的基本相同。所谓的八段就是指数码管里有八个小 LED 发光二极管，通过控制不同的 LED 的亮灭来显示出不同的字形。数码管又分为共阴极和共阳极两种类型，共阴极将八个 LED 的阴极连在一起接地，这样给任何一个 LED 的另一端高电平，它便能点亮，而共阳极是将八个 LED 的阳极连在一起。其原理如图 4－1 所示。其中，图中所示电路需要自行添加限流电阻。

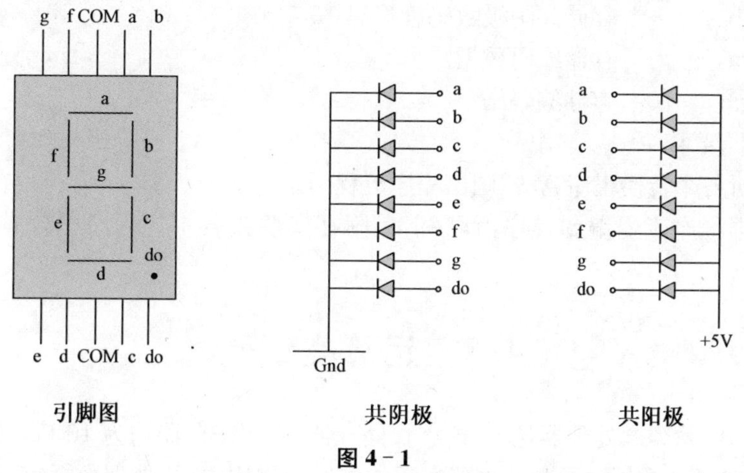

图 4－1

其中引脚图的两个 COM 端连在一起，是公共端，共阴数码管要将其接地，共阳数码管将其接正5V电源。一个八段数码管称为一位，多个数码管并列在一起可构成多位数码管，它们的段选线（即a，b，c，d，e，f，g，dp）连在一起，而各自的公共端称为位选线。显示时，都从段选线送入字符编码，而选中哪个位选线，那个数码管便会被点亮。数码管的8段，对应一个字节的8位，a对应最低位，dp对应最高位。所以如果想让数码管显示数字0，那么共阴数码管的字符编码为00111111，即0x3f；共阳数码管的字符编码为11000000，即0xc0。可以看出两个编码的各位正好相反。

数码管编码

共阳极的数码管0～f的段编码：

```
unsigned char code table[]={//共阳极 0～f 数码管编码
0xc0,0xf9,0xa4,0xb0,//0～3
0x99,0x92,0x82,0xf8,//4～7
0x80,0x90,0x88,0x83,//8～b
0xc6,0xa1,0x86,0x8e//c～f
};
```

共阴极的数码管0～f的段编码：

```
unsigned char code table[]={//共阴极 0～f 数码管编码
0x3f,0x06,0x5b,0x4f,    //0～3
0x66,0x6d,0x7d,0x07,    //4～7
0x7f,0x6f,0x77,0x7c,    //8～b
0x39,0x5e,0x79,0x71     //c～f
};
```

编制程序，存储共阴极和共阳极两种编码，并使用查表转换指令实现转码。

变量定义如下：

变量名	变量功能
leda	存储共阳极数码管编码16字节
ledb	存储共阴极数码管编码16字节
datas	存储编码数据
datar	存储编码结果

实验报告要求：

(1) 分析各个转换程序算法，画出程序流程图。

(2) 根据程序流程编制程序，程序清单附在实验报告中。程序中应有必要的代码注释。

4.3 运算类试验

8086/8088系列微处理器是16位字长处理器，内部寄存器均为16位，每次运算能够处理8Bit或16Bit数据。在微处理器实际数据处理应用中，待处理数据字长往往基于实际情况变化，因此，需要编制程序完成各种字长数据的处理。

实验 6　32 位数加法实验

一、实验目的

1. 熟悉 8086/8088 汇编语言程序的书写格式和方法
2. 掌握 8086/8088 指令系统数据类指令
3. 掌握变字长数据处理的要点

二、实验内容

编制程序 Add_32，实现 4 字节无符号数加法。

要求变量定义如下：

变量名	变量类型	变量功能
ADD1	DD	加数
ADD2	DD	加数
ADDR	DT	加法运算结果

三、实验步骤

1. Ex_06 参考流程图

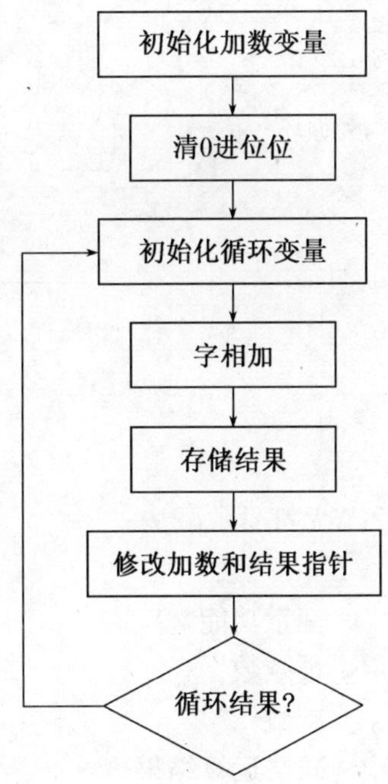

2. Ex_06. asm 源程序清单

```
data  segment
ADD1  DD  12345678H
ADD2  DD  6789ABCDH
```

```
ADDR   DT   0
data   ends

code   segment
     assume cs:code, ds:data
start   proc   near
     mov   ax, data              ;初始化段基地址寄存器 DS
     mov   ds, ax
     mov   cx, 2
     mov   bx, OFFSET ADD1
     mov   si, OFFSET ADDR
     clc
STEP:
     mov   ax, [bx]
     mov   dx, [bx+4]
     adc   ax, dx
     mov   [si], ax
     inc   bx
     inc   bx
     inc   si
     inc   si
     loop   STEP
     jmp   $                     ;死循环
start endp
code   ends
     end   start
```

习 题

8 字节无符号数减法

编制程序 Sub_64,实现 8 字节无符号数减法。

要求变量定义如下:

变量名	变量类型	变量功能
SubA	DQ	被减数
SubB	DQ	减数
SubR	DQ	减法运算结果

并自行设定被减数与减数变量,测试程序运行结果。

实验报告要求:

(1) 分析减法程序算法,画出程序流程图。

(2) 根据程序流程图编制程序,程序清单附在实验报告中。程序中应有必要的代码注释。

实验7 BCD码加法实验

一、实验目的

1. 理解8086/8088指令系统各种十进制调整指令
2. 掌握BCD码的编码格式和运算规则

二、实验内容

编制程序Add_BCD，实现4字节压缩BCD码加法。
要求变量定义如下：

变量名	变量类型	变量功能
BCD1	DD	加数
BCD2	DD	被加数
BCDR	DD	加法运算结果

三、实验步骤

1. Ex_07参考流程图

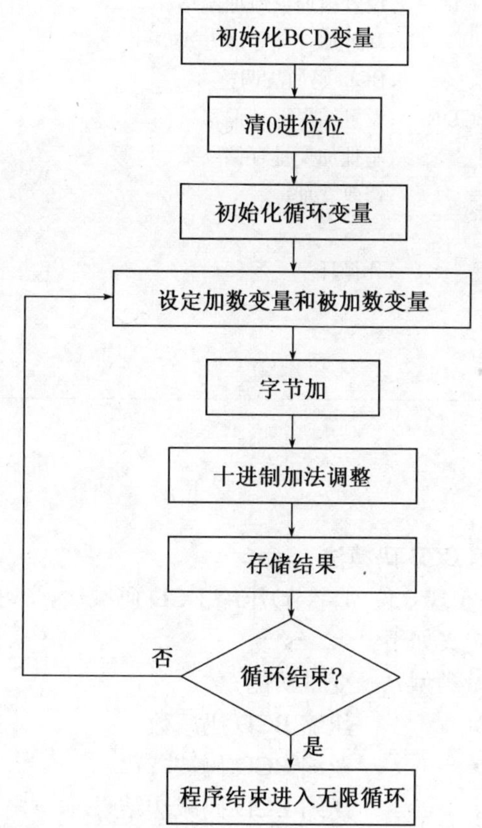

2. Ex_07 参考代码

```
data   segment
BCD1   DD   12345678H
BCD2   DD   56789012H
BCDR   DD   0
data   ends

code   segment
    assume cs:code, ds:data

start   proc   near
    mov   ax, data              ;初始化段基地址寄存器 DS
    mov   ds, ax
    clc
    mov   cx, 4                 ;初始化循环次数
    mov   si, 0
MARK1:
    mov   bx, offset BCD1       ;设置加数地址偏移
    mov   al, [bx][si]          ;基址加变址寻址方式
    mov   bx, offset BCD2       ;设置被加数地址偏移
    adc   al, [bx][si]          ;基址加变址寻址方式
    daa                         ;BCD 码加法调整
    mov   bx, offset BCDR       ;设置结果地址偏移
    mov   [bx][si], al          ;基址加变址存储结果
    inc   si                    ;修改变址
    loop  MARK1
    jmp   $                     ;死循环
start   endp
code   ends
    end   start
```

习 题

1. 8 位(4 字节)压缩 BCD 码减法

编制程序 SubBCD,实现 8 位(4 字节)压缩 BCD 码减法,学习使用压缩 BCD 码的减法调整指令。要求变量定义如下:

变量名	变量类型	变量功能
BCD1	DD	压缩 BCD 码减数
BCD2	DD	压缩 BCD 码被减数
BCDR	DD	压缩 BCD 码减法结果

BCDF　　DB　　　　计算结果符号位

若设定的减数与被减数超范围，标志位置全1，表示报警。正常情况下，计算结果符号位1表示结果为负数，0表示结果为正数。

自定义减数与被减数，输入程序测试计算结果。

2. 4位(4字节)非压缩BCD码乘法

编制程序MulBCD，实现4位(4字节)非压缩BCD码乘法，学习使用非压缩BCD码的乘法调整指令。要求变量定义如下：

变量名	变量类型	变量功能
BCD1	DD	压缩BCD码乘数
BCD2	DD	压缩BCD码被乘数
BCDR	DQ	压缩BCD码乘法结果

自定义乘数与被乘数，输入程序测试计算结果。

3. 4位(4字节)非压缩BCD码除法

编制程序DivBCD，实现4位(4字节)非压缩BCD码除法法，学习使用非压缩BCD码的除法调整指令。要求变量定义如下：

变量名	变量类型	变量功能
BCD1	DD	压缩BCD码除数
BCD2	DD	压缩BCD码被除数
BCDR	DD	压缩BCD码除法结果

自定义减数与被减数，输入程序测试计算结果。

实验报告要求：

(1) 分析各个运算程序算法，画出程序流程图。

(2) 根据程序流程图编制程序，程序清单附在实验报告中。程序中应有必要的代码注释。

实验8　二进制乘法实验

在计算机中，乘法运算是一种很重要的运算，有些微处理器具有硬件乘法器，因此，具备乘法指令，可以直接使用指令完成乘法运算；有些微处理器没有乘法器，但可以按机器作乘法运算的方法，使用软件编程实现。因此，学习乘法运算方法不仅有助于乘法器的设计，也有助于各类编程算法的学习。

微处理器中的常用乘法算法中，包括原码一位乘法。该乘法运算中，可以使用部分积左移或右移的算法，下面以部分积右移方法为例介绍。

例：计算二进制数1011B和1101B的乘积，运算过程如下：

首先清零结果单元					
被乘数：	1011B	结果单元：		0000B	
乘数：	110 1B	结果单元：		1011B	
		结果单元中数右移：		0101 1B	
乘数：	11 01B	结果单元：		0010 11B	结果不加直接再右移一位
乘数：	1101B		+	1011B	结果加被乘数

由上可见,二进制数乘法过程可以通过一系列的相加和移位来实现的。乘数有几位,就要执行几次加法(包括加 0)和移位。

二进制乘法的规则是:首先清 0 结果。从低位到高位,依次看乘数的各位值,若该位为 1,则结果单元加上被乘数,将结果单元内容(部分积)右移一位;若该位为 0,则结果单元不加被乘数,直接右移一位。最后一位相加后,不再移位。

值得注意的是,两个 4 位二进制数相乘得到 8 位二进制数结果,是完全正常的,不是"溢出"。

一、实验目的

1. 熟悉 8086/8088 等处理器乘法器的原理
2. 掌握 8086/8088 乘法的软件实现算法

二、实验内容

编制程序 Mul_8,实现 1 字节无符号数乘法。

要求变量定义如下:

变量名	变量类型	变量功能
MUL1	DB	乘数,1 字节
MUL2	DB	被乘数,1 字节
MULR	DW	加法运算结果,2 字节

三、实验步骤

1. Ex_08 参考流程图

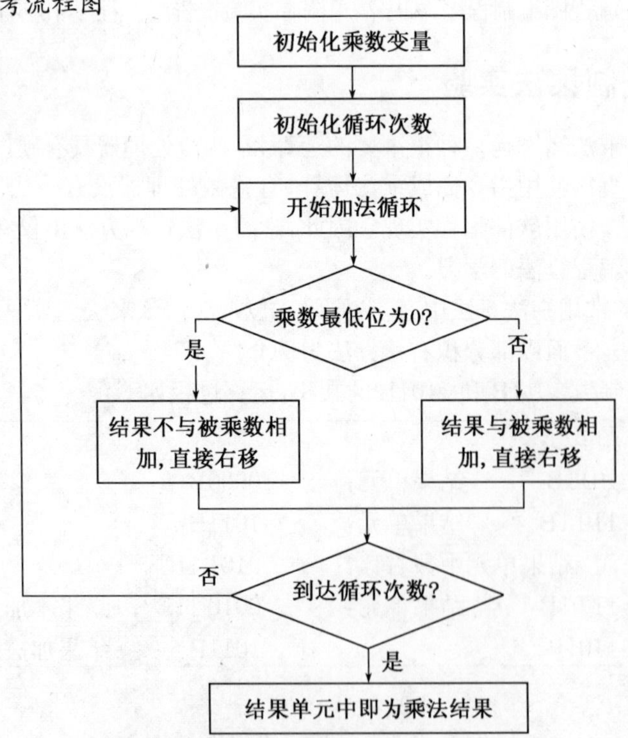

2. Ex_08 参考代码

```
data  segment
MUL1  DB  19H
MUL2  DB  97H
MULR  DW  0
data  ends

code  segment
    assume cs:code, ds:data

start  proc  near
    mov  ax, data          ;初始化段基地址寄存器 DS
    mov  ds, ax

    mov  cx, 8             ;初始化循环次数
    mov  ax, 0
    mov  dl, MUL2
    mov  dh, MUL1
MARK1:
    test  dh, 01h
    jz  MARK2              ;结果等于 0 表明该位为 0 无需累加
    add  ah, dl            ;结果不为 0,累加后再右移
    jmp  MARK3
MARK2:
    clc                    ;清 0 进位位,防止在不累加的情况下,结果右移受影响
MARK3:
    rcr  ah, 1             ;带 C 的右移,把进位一起移进来
    rcr  al, 1             ;带 C 的右移,把高字节的最低位移入低字节
    ror  dh, 1             ;不带 C,仅仅右移乘数,保证乘数在程序运行结束后不变
    loop MARK1
    jmp  $                 ;死循环
start  endp
code  ends
    end  start
```

习 题

16 位数乘法实验(模拟硬件乘法)

编制程序 MUL16,实现 16 位(2 字节)自然二进制数乘法,要求使用模拟硬件乘法器的部分积右移算法实现。要求变量定义如下:

变量名	变量类型	变量功能
MUL1	DW	乘数 2 字节
MUL2	DW	乘数 2 字节
MULR	DD	乘法结果 4 字节

自定义乘数,输入程序测试计算结果。

实验报告要求:

(1) 分析部分积右移程序算法,画出程序流程图。

(2) 根据程序流程图编制程序,程序清单附在实验报告中。程序中应有必要的代码注释。

实验 9 二进制除法实验

一、实验目的

1. 熟悉 8086/8088 等处理器除法器的原理
2. 掌握 8086/8088 除法的软件实现算法

两种定点除法的算法实现。

(1) 恢复余数除法。

硬件除法电路设计中,往往采用“减 - 移位”的思路设计,在恢复余数除法运算中,每一步计算要进行这样几个步骤(从最高位对准开始):

第一步 被除数减除数;

第二步 判断是否够减;

第三步 若够减,商上 1,转第五步;

第四步 若不够减,商上 0,并将除数加回到余数;

第五步 并将除数右移一位;

第六步 判断是否计算完成,若未完成转第一步继续。

在除法中,每执行一次减法后,要进行一次判断,是否够减的过程,并且若不够减,还要将减去的除数加回去(恢复余数)。运算过程不统一,导致除法运算逻辑电路复杂。

(2) 不恢复余数除法。

由于二进制数的特点,每一位的权值是其低一位的二倍关系。因此左移一位,相当于原数值乘以 2,而右移一位,相当于原数值除以 2。以 X 和 Y 表示除法过程中的被除数(余数)和除数,当(X - Y)不够减时,由第四步恢复原 X,并由第五步左移一位,余数成为 2X。此时再执行减 Y,实际执行的是(2X - Y)的过程。

假定修改上述除法运算过程,当(X - Y)不够减时,不恢复 X 原来的值,而将(X - Y)直接左移一位。这时,执行的是 2(X - Y) = 2X - 2Y,结果多减了 Y。若在此时,再加上 Y,结果仍为 2X - Y。

这样,修改除法运算过程,当不够减(余数为负)时,不做恢复 X 的运算,继续将将除数右移一位,下一次执行加法。这样的除法运算称为不恢复余数法。它的运算步骤为:

第一步 第一次被除数减除数;

第二步 判断上次是否够减,若够减,结束(溢出)。

第三步 若够减,商上 1,执行减法,转第五步;

第四步 若不够减,商上 0,执行加法;

第五步 除数右移一位;

第六步 若未完成转第三步继续;

第七步 最后一次上商,并确定余数。若够减商上 1;若不够减商上 0,并余数要加上除数(恢复最后的余数)。

例 1 设 $x=0.10010000, y=0.1011$,用恢复余数法求 $x \div y$。

解 $[x]_{原}=[x]_{补}=00.1001$ $[y]_{补}=00.1011$ $[-y]_{补}=11.0101$(注这里用两位符号位)

	被除数 x/余数 r	商数 q
	0 0.1 0 0 1	
$+[-y]_{补}$	1 1.0 1 0 1	
	1 1.1 1 1 0	不够减
$+[y]_{补}$	0 0.1 0 1	
	0 0.1 0 0 1	恢复原数
←0	0 1.0 0 1 0	商 0
$+[-y]_{补}$	1 1.0 1 0 1	
	0 0.0 1 1 1	够减
←0	0 0.1 1 1 0	商 1
$+[-y]_{补}$	1 1.0 1 0 1	
	0 0.0 0 1 1	够减
←0	0 0.0 1 1 0	商 1
$+[-y]_{补}$	1 1.0 1 0 1	
	0 0.0 1 1 0	
$+[-y]_{补}$	1 1.0 1 0 1	
	1 1.1 0 1 1	不够减
$+[y]_{补}$	0 0.1 0 1 1	
	0 0.0 1 1 0	恢复原数
←0	0 0.1 1 0 0	商 0
$+[-y]_{补}$	1 1.0 1 0 1	
	0 0.0 0 0 1	够减
←0	0 0.0 0 0 1	商 1

得:商 00.1101,余数 00.0001

例 2 用不恢复余数法计算例 1。

解 $[x]_{原}=[x]_{补}=x=00.10010000, [y]_{补}=00.1011, [-y]_{补}=11.0101$

被除数 x/余数 r		商数 q
	00.1001	
$+[-y]_{补}$	11.0101	
	11.1110	不够减
←1	11.1100	商 0,未恢复余数
$+[y]_{补}$	00.1011	加除数
	00.0111	为正,够减
←0	00.1110	商 1
$+[-y]_{补}$	11.0101	减除数
	00.0011	为正,够减
←0	00.0110	商 1
$+[-y]_{补}$	11.0101	
	11.1011	不够减
←1	11.0110	商 0
$+[y]_{补}$	00.1011	
	00.0001	为正,够减 商 1 最后余数

同样得结果:商 00.1101,余数 00.0001

采用不恢复余数法进行除法运算的优点是,每步除法的运算过程都相同,只是根据余数(最高位)的状态,确定下一步是执行减法还是加法。因此电路实现简单。

二、实验内容

编制程序 Div_8,实现 1 字节带符号数除法,采用恢复余数除法算法实现。

要求变量定义如下:

变量名	变量类型	变量功能
DIV1	DB	除数,1 字节
DIV2	DB	被除数,1 字节
DIVR	DW	除法运算结果,2 字节

三、实验步骤

1. Ex_09 参考流程图

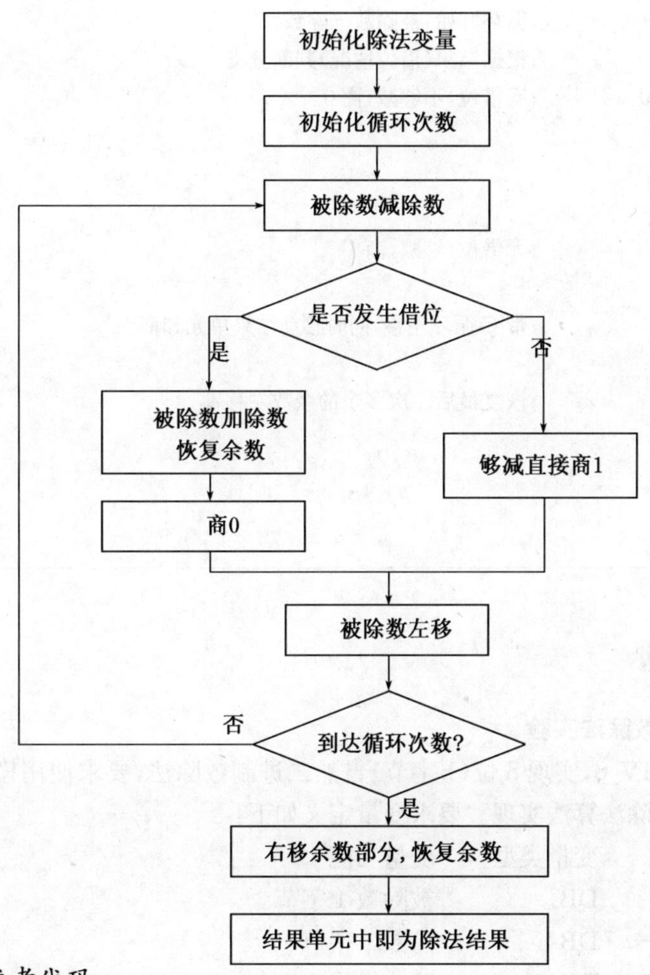

2. Ex_09 参考代码

```
data segment
    A dw 0064h
    B db 03h
    C dw 0000h
data ends
code segment
    assume cs:code, ds:data
main:
    mov ax, data
    mov ds, ax
    mov bx, A           ;读入数据
    mov al, B
```

```
        mov cx, 0009h         ;设置循环次数

m1:
        sub bh, al            ;循环开始,被除数-除数
        jnc m2                ;根据结果(借位情况)判断分支
        add bh, al            ;有借位,不够减,商 0
        clc
        jmp m3
m2:
        stc                   ;无借位,够减,商 1
m3:
        rcl bx, 1             ;带 C 循环左移,同时移动结果单元和商
        loop m1
        shr bh, 1             ;恢复最后一次多余的余数左移
        jmp $
main endp
code ends
        end main
```

习 题

8 位无符号数除法实验

编制程序 DIV_8,实现 8 位(1 字节)自然二进制数除法,要求使用模拟硬件除法器,使用不恢复余数除法算法实现。要求变量定义如下:

变量名	变量类型	变量功能
DIV1	DB	被除数 1 字节
DIV2	DB	除数 1 字节
DIVR	DB	除法结果 1 字节
DIVF	DB	报警标志 1 字节

自定义除数,输入程序测试计算结果。

实验报告要求:

(1) 分析部分积右移程序算法,画出程序流程图

(2) 根据程序流程图编制程序,程序清单附在实验报告中。程序中应有必要的代码注释。

4.4 汇编语言综合实验

实验 10 寻找 100 以内的质数

素数(Prime Number),**又称质数**,指在大于 1 的自然数中,除了 1 和此整数自身外,

无法被其他自然数整除的数(也可定义为只有1和本身两个因数的数)。比1大但不是素数的数称为合数。1和0既非素数也非合数。素数在数论中有着非常重要的地位。最小的素数是2,也是素数中唯一的偶数;其他素数都是奇数。素数有无限多个,所以不存在最大的素数。

围绕着素数存在很多问题、猜想和定理。著名的有"孪生素数猜想"和"哥德巴赫猜想"。

关于素数的算法是程序设计竞赛或各种笔试中经常出现的基础算法,虽然题目各不相同,但都要涉及验证一个自然数是否为素数的问题。

试除法,即根据质数的定义,使用待验证的数除以小于它的数字,已验证它是否为质数。比如要判断自然数 x 是否质数,就不断尝试小于 x 且大于 1 的自然数,只要有一个能整除,则 x 是合数;否则,x 是质数。

思路1:试除法中,最简单的想法,假设要判断 x 是否为质数,就从 2 一直尝试到 x－1。这种做法,其效率最低。

思路2:所有的偶数均不是质数,因此,只需要尝试 3～x－1 中的所有奇数即可。

思路3:若 x 有(除了自身以外的)质因数,那肯定会小于$\sqrt{x}$,因此,只需要尝试 3～$\sqrt{x}$中的所有奇数即可。

思路4:考虑从 3 到$\sqrt{x}$的所有奇数中,包含了质数与合数两类,而其中的合数必然能够被小于它的质数整除,因此,考察 x 是否为质数,仅需要考察其是否能够被 3 到$\sqrt{x}$中的质数整除即可。

一、实验目的

1. 理解质数判断的算法
2. 掌握多分支、多层循环程序的算法
3. 进一步巩固汇编语言程序设计、编译、调试的方法

二、实验内容

编制程序 Prime,使用试除法寻找 100 以内的所有质数。

要求变量定义如下:

变量名	变量类型	变量功能
primer	DB	质数结果,100 字节

三、实验步骤

1. Ex_10 参考流程图

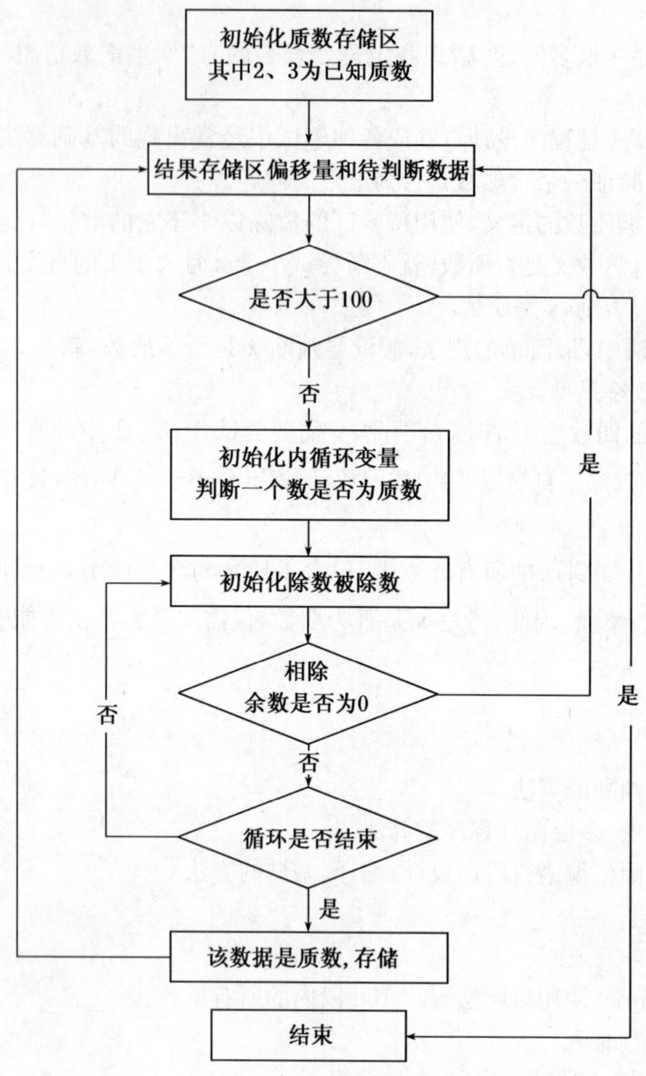

2. Ex_10 参考代码

```
data segment
    P db 100 dup(0)
    CNT db 3
data ends
code segment
    assume cs:code, ds:data
main:
    mov ax, data
```

```
      mov ds, ax

      mov bx, offset P
      mov [bx], 02h
      inc bx
      mov [bx], 03h
      mov CNT, 02h
      inc bx                        ;BX 存储待存储质数位置的偏移量
      mov di,3                      ;DI 存储待判断的数
mark0:
      mov si, offset P              ;SI 存储已查找到的质数列表头的偏移量
      inc di
      inc di                        ;仅需要判断奇数是否为质数,每次+2
      cmp di,100                    ;被判断数是否大于 100
      ja mark3
      mov cx, word ptr CNT          ;CX 记录已经查找到的质数个数
mark1:
      mov ax,di                     ;内循环初始,初始化被除数
      mov dl,[si]                   ;初始化除数
      div dl
      test ah,0ffh                  ;判断余数是否为 0
      jz mark2                      ;余数为 0,结束判断
      inc si                        ;余数不为 0,更新除数指针
      loop mark1                    ;根据已记录的质数的个数判断循环是否结束
      mov [bx], di                  ;全部质数均不能整除,则此被除数为质数
      inc bx                        ;存储该质数
      inC CNT                       ;计数值加 1
mark2:
      jmp mark0
mark3:
      jmp $
main endp
code ends
      end main
```

习　题

1. 筛法寻找质数

基本思想：

用筛法求素数的基本思想是：把从 1 开始的、某一范围内的正整数从小到大顺序排列，1 不是素数，首先把它筛掉。剩下的数中选择最小的数是素数，然后去掉它的倍数。

依次类推,直到筛子为空时结束。

如有:1 2 3 4 5 6 7 8 9 10 11 12 13 14 15 16 17 18 19 20 21 22 23 24 25 26 27 28 29 30

1 不是素数,去掉。

剩下的数中 2 最小,是素数,去掉 2 的倍数,

余下的数是:3 5 7 9 11 13 15 17 19 21 23 25 27 29

剩下的数中 3 最小,是素数,去掉 3 的倍数,

如此下去,直到所有的数都被筛完,求出的素数为:2 3 5 7 11 13 17 19 23 29

筛法的原理:

(1) 数字 2 是素数。

(2) 在数字 K 前,每找到一个素数,都会删除它的倍数,即以它为因子的整数。如果 k 未被删除,就表示 2－>k－1 都不是 k 的因子,那 k 自然就是素数了。

编制程序 Sieve,使用筛法找出 1～255 之间的全部质数,要求变量定义如下:

变量名	变量类型	变量功能
primer	DB	质数结果,100 字节

2. 冒泡排序算法

冒泡排序是一种简单排序方法,它的基本思想是:每次进行相邻两个元素的比较,凡为逆序(即 a(i)>a(i+1)),则将两个元素交换。

整个的排序过程为:

第一步　先将第一个元素和第二个元素进行比较,若为逆序,则交换之;接着比较第二个和第三个元素。

第二步　依此类推,直到第 n－1 个元素和第 n 个元素进行比较、交换为止。

第三步　如此经过一趟排序,使最大的元素被安置到最后一个元素的位置上。

第四步　然后,对前 n－1 个元素进行同样的操作,使次大的元素被安置到第 n－1 个元素的位置上。重复以上过程,直到没有元素需要交换为止。

编制程序 sort,使用冒泡排序排列一个 100 字节的数组,要求变量定义如下:

变量名	变量类型	变量功能
primer	DB	乱序队列也即顺序结果,100 字节

实验报告要求:

(1) 分析筛法程序算法、判断数据是否为质数算法,画出程序流程图。

(2) 根据程序流程图编制程序,程序清单附在实验报告中。程序中应有必要的代码注释。

第五章 子程序和宏定义

子程序是用过程定义伪指令 PROC/ENDP 定义的程序段。

主程序用 CALL 指令调用子程序，子程序用 RET 指令返回调用它的主程序。主程序调用子程序时，将被调用的子程序的程序首地址传递给 IP 寄存器，控制 CPU 跳转至子程序并执行，并自动保存跳转前的程序地址，压入堆栈；同时，如果某些寄存器的内容在子程序返回后还要使用，而在子程序中也需要使用这些寄存器，则需要子程序保护执行时所使用的寄存器的内容（作为主程序和子程序传递参数的寄存器除外），并在返回主程序之前再恢复这些寄存器的内容。一般，子程序用 PUSH 指令将寄存器的内容保存在系统堆栈中，在返回前用指令 POP 将保护内容弹出堆栈，恢复寄存器的内容。注意堆栈先进后出的特点，最先压进堆栈的数据最后弹出。

主程序调用子程序时，向子程序提供需要的数据（即入口参数），而子程序执行完毕返回主程序时，要将执行的结果（即出口参数）传递回主程序。参数的传递一般有三种方式，寄存器传递参数、堆栈传递参数和存储器传递参数。

宏定义，宏汇编还提供了另一种设计独立功能程序段的方法，称宏指令（有时也称宏命令，或直接称“宏”MACRO）。尽管宏指令与子程序的功能与组成十分相似，但是它们是两个完全不同的程序技术，并且一般它们的应用领域也不同。宏指令像指令操作助记符一样，定义后可在程序中用这个名字来代替这段指令序列。宏指令同样允许传递参数，传递方式也比子程序简单。同样也可以将宏指令集中在一起建立宏指令库，程序中只需按定义格式和规则调用即可。

IBMPC 宏汇编还提供了条件汇编，条件汇编可使宏汇编有选择地汇编源程序。条件汇编与宏指令结合，使宏指令功能更强，技术更完善。

宏指令定义用伪指令 MACRO/ENDM 来实现。

宏定义的格式：宏指令名 MACRO [形参 1][，形参 2，……]

```
                ……      ;宏体
                ENDM
```

宏定义必须由伪指令 MACRO 开始，用 ENDM 结束。MACRO 和 ENDM 间的程序段称为宏体。

宏指令要先定义，才能调用。因此，宏必须在它第一次调用之前定义完成。宏指令名是一符号，在程序中按名调用。宏指令名可以与 CPU 指令的助记符、汇编语言的伪指令等同名，且具有比同名的 CPU 指令、伪指令等更高的优先权，即当宏指令与 CPU 指令或汇编语言的伪指令同名时，宏汇编程序一律用宏指令代替，而不管与它同名的指令或伪指令原来的功能如何。因此，采用宏指令可以重新定义 CPU 的指令(集)和伪指令功能。

在汇编语言程序中将经常要使用有独立功能的程序段，设计成子程序或宏定义，并将其组成子程序库或宏定义库，供需要时调用。二者相同之处与区别如下：

(1) 处理的时间和方式不同。宏指令是在汇编期间由宏汇编程序处理的；宏调用是用宏体置换宏指令名、实参置换形参的过程。因此，在汇编时，发生程序代码的置换。汇编结束后，源程序中的宏定义也随之消失。而子程序是目标程序运行期间由 CPU 执行 CALL 指令时调用的，CPU 控制从主程序转向子程序执行，子程序执行完后，又重新返回主程序执行。对子程序来讲，汇编过程中没有发生代码和参数的置换过程。子程序调用需要进行程序的转移和返回、保护和恢复现场、传递参数等工作，而宏指令不需要这些操作，因此，宏指令的执行速度比子程序执行速度快。

(2) 目标程序的长度和执行速度不同。每一次宏调用，都要进行宏扩展，因而目标程序会因宏调用次数的增加而变长，占用内存空间会增大。而在一个程序中，每一子程序的目标代码只需出现一次，无论调用多少次子程序，都是在同一段代码中执行，目标代码长度与子程序调用次数无关，因此，子程序占用的内存空间相对小。

(3) 参数传递的方式不同。宏调用可以实现参数替换，替换方法简单、方便、灵活。

实验 11 子程序实验

一、实验目的

1. 理解子程序运行使用原理
2. 掌握子程序编写方法
3. 分析子程序的调试过程

二、实验内容

编写程序，寻找数组中的最大值与最小值。

设 NUM 为一存放 10 个字的数组，设计子程序，找出该数组中的最大值与最小值，并分别存放到 MAX 和 MIN 单元中。

三、实验步骤

1. Ex_11 参考流程图

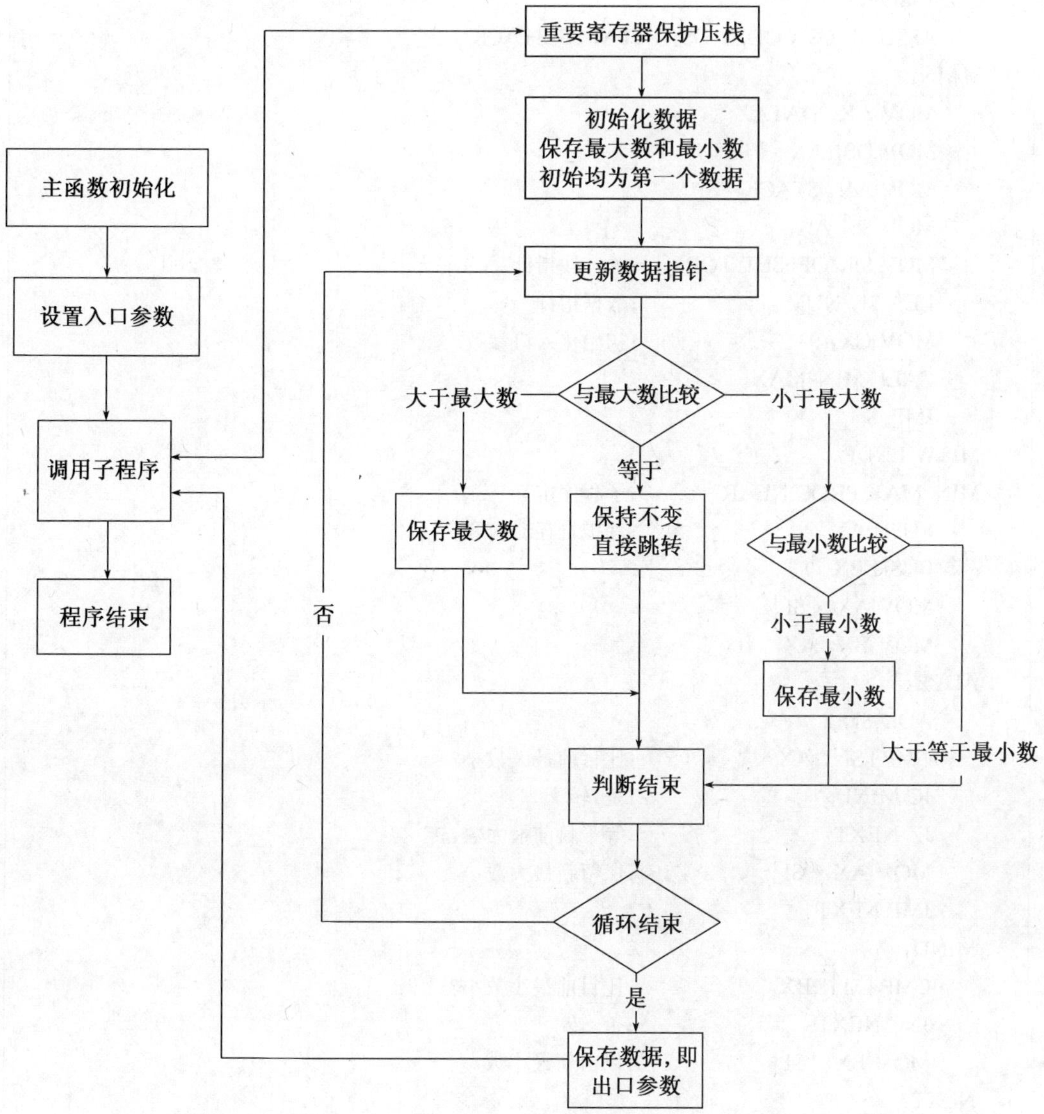

2. Ex_11 参考代码

```
DATA SEGMENT
    NUM DW 980，435H，4，547DH，1234H
    DW 320H，456H，7890H，234，128
    MAX DW ?
    MIN DW ?
DATA ENDS
STACK SEGMENT STACK
```

```
    DW 256 DUP(55)
    TOP EQU $
STACK ENDS
CODE SEGMENT
    ASSUME CS:CODE, DS:DATA, SS:STACK
MAIN:
    MOV AX, DATA
    MOV DS, AX
    MOV AX, STACK
    MOV SS, AX
    MOV SP, OFFSET TOP          ;置堆栈指针
    LEA SI, NUM                 ;数据指针
    MOV CX, 9                   ;初始化入口参数
    CALL MIN_MAX
    JMP $
MITW ENDP
MIN_MAX PROC NEAR               ;子程序定义
    PUSH AX                     ;保护寄存器内容
    PUSH BX
    MOV AX, [SI]
    MOV BX, AX
ADD2:
    ADD SI, 2
    CMP [SI], AX                ;比目前最大数小?
    JC MINU                     ;是,转
    JZ NEXT                     ;等于目前最大数,转
    MOV AX, [SI]                ;保留新最大数
    JMP NEXT
MINU:
    CMP [SI], BX                ;比目前最小数小?
    JNC NEXT                    ;否,转
    MOV BX, [SI]                ;保留新最小数
NEXT:
    LOOP ADD2
    MOV MAX, AX                 ;保存结果,即出口参数
    MOV MIN, BX
    POP BX
    POP AX
    RET
MIN_MAX ENDP
CODE ENDS
    END MAIN
```

3. 子程序调用过程分析

使用上述参考代码建立汇编工程，编译后下载至伟福 Lab6000 实验箱中。调出 CPU 窗口（即 Disassembly 窗口），如图 5-1 所示：

```
0623H 8ED8        MOV   DS, AX        ;   MOV DS, AX
0625H B84200      MOV   AX, 0042H     ;   MOV AX, STACK
0628H 8ED0        MOV   SS, AX        ;   MOV SS, AX
062AH BC0002      MOV   SP, 0200H     ;   MOV SP, OFFSET TOP ;置堆栈指针
062DH BE0000      MOV   SI, 0000H     ;   LEA SI, NUM        ;数据指针
0630H B90900      MOV   CX, 0009H     ;   MOV CX, 9
0633H E80200      CALL  0638H         ;   CALL MIN_MAX
0636H EBFE        JMP   0636H         ;   JMP $
0638H 50          PUSH  AX            ;   PUSH AX            ;保护寄存器内容
0639H 53          PUSH  BX            ;   PUSH BX
063AH 8B04        MOV   AX, [SI]      ;   MOV AX, [SI]
063CH 8BD8        MOV   BX, AX        ;   MOV BX, AX
063EH 83C602      ADD   SI, 02H       ;   ADD SI, 2
0641H 3904        CMP   [SI], AX      ;   CMP [SI], AX       ;比目前最大数小?
0643H 7207        JB    064CH         ;   JC MINU            ;是，转
0645H 740B        JE    0652H         ;   JZ NEXT            ;等于目前最大数，转
0647H 8B04        MOV   AX, [SI]      ;   MOV AX, [SI]       ;保留新最大数
0649H EB07        JMP   0652H         ;   JMP NEXT
064BH 90          NOP
064CH 391C        CMP   [SI], BX      ;   CMP [SI], BX       ;比目前最小数小?
064EH 7302        JNB   0652H         ;   JNC NEXT           ;否，转
0650H 8B1C        MOV   BX, [SI]      ;   MOV BX, [SI]       ;保留新最小数
0652H E2EA        LOOP  063EH         ;   LOOP ADD2
0654H A31400      MOV   [0014H], AX   ;   MOV MAX, AX
0657H 891E1600    MOV   [0016H], BX   ;   MOV MIN, BX
065BH 5B          POP   BX            ;   POP BX
065CH 58          POP   AX            ;   POP AX
065DH C3          RET                 ;   RET
```

图 5-1　子程序代码 CPU 窗口

第一步　调用过程分析

由图 5-1 结合参考代码对比可知，主程序存储于内存地址 0x0623～0x0637 地址段处，子程序存储于内存的 0x0638～0x065D 地址段处。CPU 执行“CALL MIN_MAX”后，系统变化情况如下：

SFR, Project（执行前）

名称	值	名称	值
AX	0042	.15	0
BP	0000	.14	0
BX	0000	.13	0
CS	0000	.12	0
CX	0009	.11	0
DI	0000	.10	0
DS	0040	.9	0
DX	0000	.8	0
ES	0020	.7	0
FLAG	0000	.6	1
IP	0633	.5	0
SI	0000	.4	0
SP	0200	.3	0
SS	0042	.2	0
		.1	1
		.0	0
AX: 00H		.15: 0FH	

SFR　Project　Watch

SFR, Project（执行后）

名称	值	名称	值
AX	0042	.15	0
BP	0000	.14	0
BX	0000	.13	0
CS	0000	.12	0
CX	0009	.11	0
DI	0000	.10	0
DS	0040	.9	0
DX	0000	.8	0
ES	0020	.7	0
FLAG	0000	.6	1
IP	0638	.5	0
SI	0000	.4	0
SP	01FE	.3	0
SS	0042	.2	0
		.1	1
		.0	0
AX: 00H		.15: 0FH	

SFR　Project　Watch

图 5-2　CPU 寄存器窗口（执行调用子程序语句前、后）

05A0	37	00	37	00	37	00	37	00	37	00	37	00	37	00	37	00	7.7.7.7.7.7.7.7.
05B0	37	00	37	00	37	00	37	00	37	00	37	00	37	00	37	00	7.7.7.7.7.7.7.7.
05C0	37	00	37	00	37	00	37	00	37	00	37	00	37	00	37	00	7.7.7.7.7.7.7.7.
05D0	37	00	37	00	37	00	37	00	37	00	37	00	37	00	37	00	7.7.7.7.7.7.7.7.
05E0	37	00	37	00	37	00	37	00	37	00	37	00	37	00	37	00	7.7.7.7.7.7.7.7.
05F0	37	00	37	00	37	00	37	00	37	00	37	00	37	00	37	00	7.7.7.7.7.7.7.7.
0600	37	00	37	00	37	00	37	00	37	00	37	00	37	00	37	00	7.7.7.7.7.7.7.7.
0610	37	00	37	00	37	00	37	00	37	00	37	00	37	00	36	06	7.7.7.7.7.7.7.6.
0620	B8	40	00	8E	D8	B8	42	00	8E	D0	BC	00	02	BE	00	00	.@....B.........
0630	B9	09	00	E8	02	00	EB	FE	50	53	8B	04	8B	D8	83	C6	........PS......

图 5-3 内存单元窗口(执行调用指令后)

0600	37	00	37	00	37	00	37	00	37	00	37	00	37	00	37	00	7.7.7.7.7.7.7.7.
0610	37	00	37	00	37	00	37	00	37	00	00	00	42	00	36	06	7.7.7.7.7...B.6.
0620	B8	40	00	8E	D8	B8	42	00	8E	D0	BC	00	02	BE	00	00	.@....B.........
0630	B9	09	00	E8	02	00	EB	FE	50	53	8B	04	8B	D8	83	C6	........PS......
0640	02	39	04	72	07	74	0B	8B	04	EB	07	90	39	1C	73	02	.9.r.t......9.s.
0650	8B	1C	E2	EA	A3	14	00	89	1E	16	00	5B	58	C3	55	8B	...........[X.U.
0660	EC	8B	56	04	EC	5D	C3	55	8B	EC	8A	46	06	8B	56	04	..V..].U...F..V.
0670	EE	5D	C3	FA	C3	FB	C3	55	8B	EC	8C	D9	1E	B8	00	00	.].....U........
0680	8E	D8	BB	00	00	89	0F	8A	5E	04	02	DB	02	DB	B7	00	.........^......
0690	8B	46	06	05	00	04	89	07	B8	00	00	43	43	89	07	1F	.F.........CC...

CS(Code) IOMAP

图 5-4 内存单元窗口(执行两条压栈执行后)

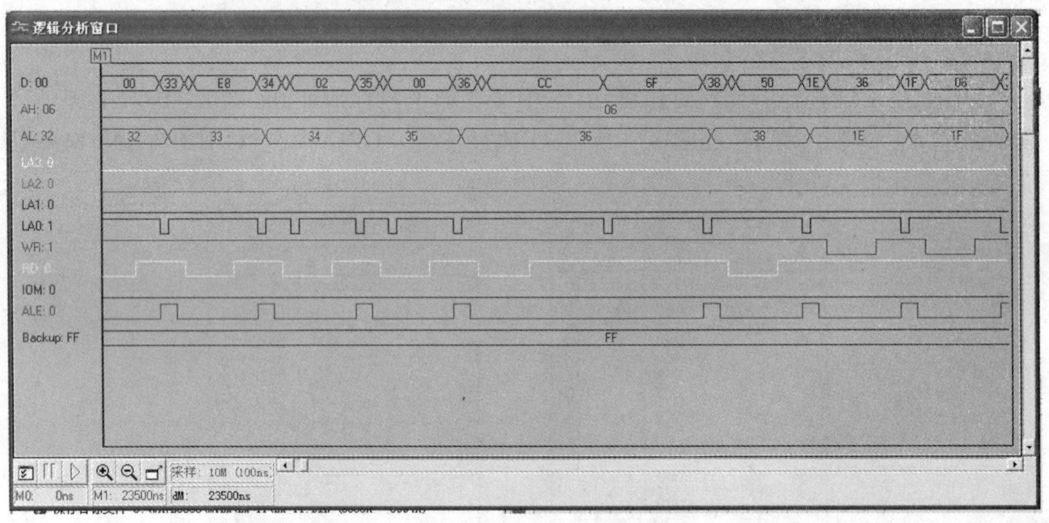

图 5-5 调用子程序总线时序图

如图 5-2 所示,调用子程序语句执行后,CPU 中程序指针寄存器 IP 的内容由 0x0633 变为 0x0638,即指向了子程序的起始位置;堆栈指针寄存器 SP 由 0x0200 变为 0x01FE,自动压栈 2 字节,根据内存窗口可知,压栈数据为 0x0636,即为调用子程序语句"CALL MIN_MAX"的后一句指令地址(如图 5-3,图 5-4)。图 5-5 中的逻辑分析仪图指出了子程序调用的跳转和压栈过程中总线上的变化情况。

执行两条压栈指令后,内存堆栈区域中,AX:0x0042 和 BX:0x0000 分别被压入堆栈。

第二步　退出子程序过程分析

SFR, Project

名称	值	名称	值
AX	0042	.15	0
BP	0000	.14	0
BX	0000	.13	0
CS	0000	.12	0
CX	0000	.11	0
DI	0000	.10	0
DS	0040	.9	0
DX	0000	.8	0
ES	0020	.7	0
FLAG	0212	.6	1
IP	065D	.5	0
SI	0012	.4	0
SP	01FE	.3	0
SS	0042	.2	0
		.1	1
		.0	0
AX: 00H		.15: 0FH	

SFR　Project　Watch

SFR, Project

名称	值	名称	值
AX	0042	.15	0
BP	0000	.14	0
BX	0000	.13	0
CS	0000	.12	0
CX	0000	.11	0
DI	0000	.10	0
DS	0040	.9	0
DX	0000	.8	0
ES	0020	.7	0
FLAG	0212	.6	1
IP	0636	.5	0
SI	0012	.4	0
SP	0200	.3	0
SS	0042	.2	0
		.1	1
		.0	0
AX: 00H		.15: 0FH	

SFR　Project　Watch

图 5-6　CPU 寄存器窗口(执行返回指令语句前、后)

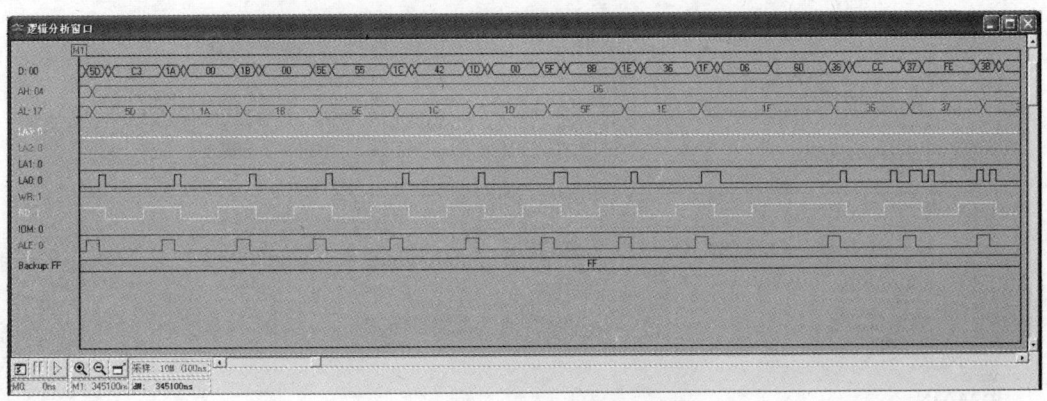

图 5-7　退出主程序总线时序图

子程序末端执行 RET 指令后，系统变化情况如下：

如图 5-6 所示，调用返回指令语句后，CPU 中程序指正寄存器变为 0x0636，即为调用子程序语句“CALL MIN_MAX”的后一句指令“JMP　$”的地址；堆栈指针寄存器 SP 由 0x01FE 变为 0x0200，自动弹栈 2 字节，弹出的数据即为进入程序时压栈的数据，也即为上述指令“JMP　$”的地址。图 5-7 指明了子程序退出返回主程序时的跳转和弹栈过程中的总线上的变化情况。

习　题

使用子程序计算 10!

编制 MUL32 子程序，实现 32 位数据乘法；输入参数为两个乘数，存储于自定义内存单元,输出参数为结果,64bit(8Byte)。

编写主程序 Fact10,通过调用 MUL32 子程序,实现 10! 计算。

实验报告要求:

(1) 分析 32Bit 乘法程序算法,画出程序流程图。

(2) 根据程序流程图编制程序,程序清单附在实验报告中。程序中应有必要的代码注释。

(3) 分析上述子程序的调用和运行过程。

实验 12 宏指令实验

一、实验目的

1. 理解宏定义运行使用原理
2. 掌握编写方法算法
3. 分析宏定义的调试过程

二、实验内容

编写宏指令,实现对内存数据"算术右移、逻辑右移或算术/逻辑左移"三个功能。

三、实验步骤

Ex_12 参考流代码:

```
CODE SEGMENT
    SHIFT MACRO A, B, C          ;宏定义
    MOV CL, C
    S&A B, CL                    ;形参 A 为指令助记符的一部分,加前缀&
ENDM
MAIN:
    NOP
    MOV BX, 0FFH
    SHIFT HL, BX, 3              ;宏调用,实现左移功能
    NOP                          ;无作用,为两次显示宏扩展进行隔离
    NOP
    MOV AX, 055H
    SHIFT HR, AX, 2              ;宏调用,实现逻辑右移功能
    NOP
    NOP
    SHIFT AR, AX, 4              ;宏调用,实现算术右移功能
    NOP
    NOP
    JMP $
```

```
MAIN ENDP
CODE ENDS
    END MAIN
```

使用上述参考代码，建立工程，并编译运行后，调出 Disassembly 窗口。

```
EX_12.ASM  Disassembly
0450H 90        NOP                  ;  NOP
0451H BBFF00    MOV    BX, 00FFH     ;  MOV BX, 0FFH
0454H B103      MOV    CL, 03H       ;  SHIFT HL, BX, 3    ;宏调用，实现左移功能
0456H D3E3      SHL    BX, CL
0458H 90        NOP                  ;  NOP                ;无作用，为两次显示宏
0459H 90        NOP                  ;  NOP
045AH B85500    MOV    AX, 0055H     ;  MOV AX, 055H
045DH B102      MOV    CL, 02H       ;  SHIFT HR, AX, 2    ;宏调用，实现逻辑右移
045FH D3E8      SHR    AX, CL
0461H 90        NOP                  ;  NOP
0462H 90        NOP                  ;  NOP
0463H B104      MOV    CL, 04H       ;  SHIFT AR, AX, 4    ;宏调用，实现算术右移
0465H D3F8      SAR    AX, CL
0467H 90        NOP                  ;  NOP
0468H 90        NOP                  ;  NOP
0469H EBFE      JMP    0469H         ;  JMP $
```

图 5－8　宏指令扩展汇编后结果

由图 5－8 可知，宏指令的扩展是在编译过程中完成的，编译后的程序在每次调用宏指令时，以宏体代替宏指令，以宏指令调用语句中的实参代替宏体中的形参，完成宏扩展。同时，每一次宏指令的调用都使用一次宏扩展，因此，宏指令的使用和扩展增加了程序代码量，但有序扩展中没有任何的跳转语句以及现场保存过程，宏指令是一种以空间换时间的模块处理方法。

习　题

使用宏指令完成冒泡排序

编制 COMP32 宏指令，实现连续内存空间中两个 32Bit 数据比较大小，并交换位置，使之小数据在前，大数据在后；输入参数为起始地址，存储于自定义内存单元。

编写主程序 sort，通过调用 COMP32 宏指令，实现冒泡排序实验。

编写测试程序，多次调用该宏指令，分析其扩展过程，注意 LOCAL 伪指令的使用方法。

实验报告要求：

(1) 分析 32 Bit 比较大小算法，画出程序流程图。

(2) 根据程序流程图编制程序，程序清单附在实验报告中。程序中应有必要的代码注释。

(3) 分析上述宏指令的调用和扩展过程。

(4) 与子程序实验对比，分析子程序与宏指令的异同点。

第六章 存储器系统

8086/8088 系列微处理器采用总线结构管理其存储器系统，包括 ROM，RAM，I/O 接口等。总线就是用来传送信息的一组通信线。微型计算机通过系统总线将各部件连接到一起，实现了微型计算机内部各部件间的信息交换。系统总线按照传递信息的功能来分，分为地址总线、数据总线和控制总线。这些总线提供了微处理器(CPU)与存储器、输入输出接口部件的连接线。可以认为，一台微型计算机就是以 CPU 为核心，其他部件全“挂接”在与 CPU 相连接的系统总线上。这种总线结构形式为组成微型计算机提供了方便。人们可以根据自己的需要，将规模不一的内存和接口接到系统总线上，很容易形成各种规模的微型计算机。微型计算机实质上就是把 CPU、存储器和输入/输出接口电路正确地连接到系统总线上，而计算机应用系统的硬件设计本质上是外部设备同系统总线之间的总线接口电路设计问题，这种总线结构设计是计算机硬件系统的一个特点。

系统总线在微型计算机中的地位，如同人的神经中枢系统，CPU 通过系统总线对存储器的内容进行读写，同样通过总线，实现将 CPU 内数据写入外设，或由外设读入 CPU。微型计算机都采用总线结构。一般情况下，CPU 提供的信号需经过总线电路形成系统总线。

8086/8088CPU 共有 20 根地址线，因此，最多可直接寻址的能力为 1 Mbyte。

不同的存储器芯片，容量不同，地址线的引脚数也不同。根据芯片地址线的根数，就可以知道它的存储单元数：

$$存储单元数 = 2^n（n 为地址线的根数）$$

每增加 1 根地址线，芯片中所含的存储单元数量就在原来的基础上翻一倍，如 2116 为 11 根地址线，因此，内含 2 048 个单元(2 K 字节)，6264 为 13 根地址线，内含 8 192 个单元(8 K 字节)。但要注意的是，芯片并不一定都是以 8 个存储元件为一个存储单元。

计算机系统中的存储器容量应根据应用目的确定，同样组成计算机存储系统也不一定只能用一片存储器芯片，也不局限于必须采用一种存储器芯片。当计算机采用多片存储器芯片组成内存系统，必须分配各存储器芯片在系统中的地址范围，保证每次读写操作只有一个存储单元被选中。另一方面，内存系统的单元数量也不一定与 CPU 的寻址范围一样大，比如 8086/8088 的寻址范围为 1 M，内存可以只有 256 K，甚至更少。这时，要确定这 256 K 存储器地址是如何分配的，在设计程序时要注意，不能对不存在存储器的地址进行操作。存储器芯片的地址范围由片选信号 CE 确定。

存储器芯片的基本连接方法(其他扩展芯片的连接方法也类似)如下：

1. 地址线的连接

系统中所有存储器芯片的地址线按它们的编号并联，然后与系统的地址总线连接。

对采用地址数据复用总线的处理器，存储器芯片的地址线应与系统中的地址锁存器的相同编号的输出脚顺序相连。

2. 数据线的连接

系统中所有存储器芯片的数据线按它们的编号并联，然后与系统的数据总线相接。系统数据总线在有些时候直接与 CPU 的数据总线(引脚)相连，有时接到总线收发器的一端，而总线收发器的另一端再与 CPU 的数据总线相连。

3. 读、写控制线的连接

存储器芯片的读、写控制线分别对应相连，并分别与处理器的读、写控制线连接。

4. 存储器芯片的片选线的连接

存储器芯片的地址线用于选择片内单元，而片选线用来确定芯片在系统地址空间中所处的范围(地址段)。

实验 13　存储器系统电路设计

一、实验目的

1. 理解系统总线：地址总线、数据总线、控制/状态总线的原理
2. 掌握 8086 存储器系统的设计方法
3. 掌握各种存储芯片的总线设计方法

二、实验内容

设计一个 8088 存储器系统，采用一片 8 K×8 的存储芯片 CY 6264，地址从 0x2000 开始。

三、实验步骤

CY 6264 是 8 K×8 位静态随机存储器芯片(如图 6－1 所示)，采用 CMOS 工艺制造，单一＋5 V 供电，28 线双列直插式封装，其引脚功能如表 6－1 所示。

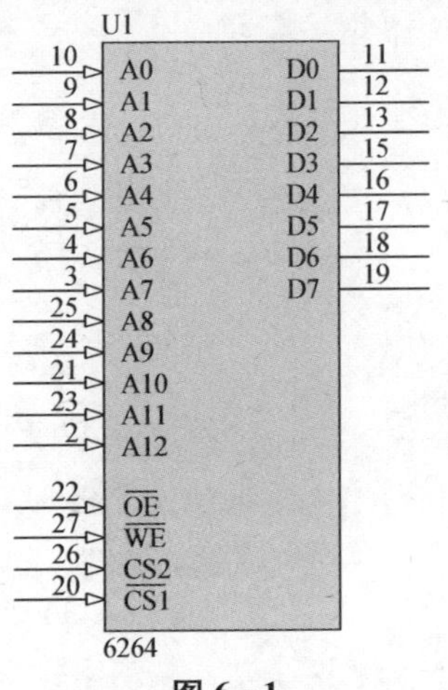

图 6－1

表 6－1

引脚	功能
A12～A0	地址线,寻址空间 8K
D7～D0	数据线,双向,三态
$\overline{OE}$	读允许,输入,低电平有效
$\overline{WE}$	写允许,输入,低电平有效
$\overline{CE1}$	片选信号 1,输入,低电平有效
CE2	片选信号 2,输入,高电平有效
VCC	电源,5 V
GND	信号地

如表 6－2 所示,Intel 6264 的操作方式由 OE,WE,CE1,CE2 的共同作用确定。

表 6－2

$\overline{CE1}$	CE2	$\overline{OE}$	$\overline{WE}$	功能	D0～D7
H	*	*	*	未选中	高阻
*	L	*	*	未选中	高阻
L	H	H	H	输出禁止	高阻
L	H	L	H	读	Dout
L	H	H	L	写	Din

图 6－2 为本实验参考电路图。

Ex13 参考电路图：

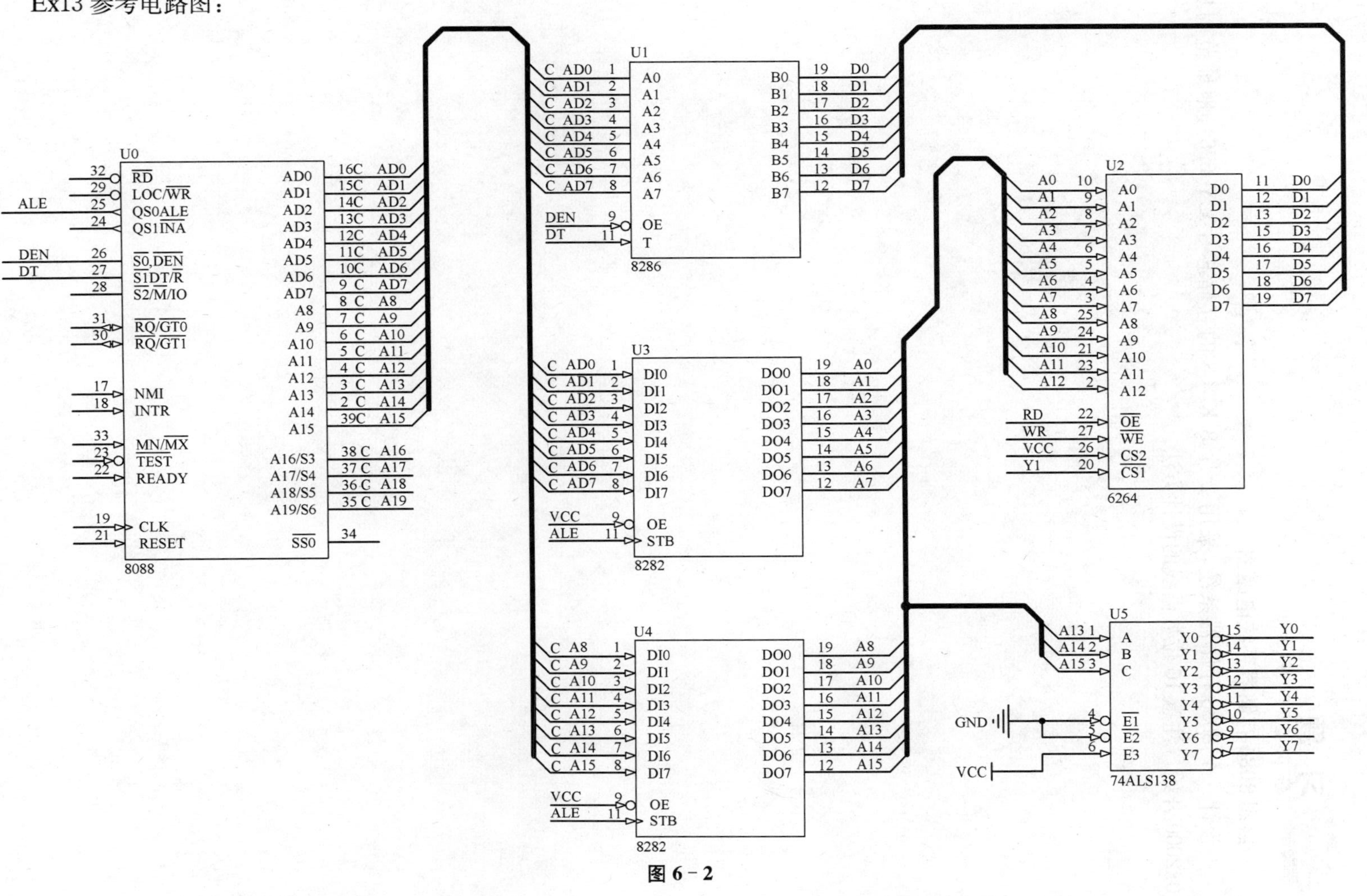

图 6-2

习 题

绘制 8086 存储器系统电路图

设计一个 8086 存储器系统，采用 2 片 8 K×8 的存储芯片 CY 6264，地址范围从 0x2000 开始。注意 16 位数据线的设计方法。

第七章 中断系统实验

Intel 8259A 是 8080/8085 系列以及 80x86 系列微处理器兼容的可编程中断控制器，PC 机采用它来管理中断。每一片 8259A 具有 8 个中断请求端，具有 8 级优先权控制。8259A 可级联工作，即在 8259A 的中断请求端可再接一片 8259A，这样，采用一级级联时最多可扩展至 64 级硬件优先权控制。每一级中断都可以单独屏蔽或允许。8259A 可提供相应的中断向量，从而能迅速地转至中断服务程序，也允许 CPU 用查询方式。其内部结构和外部引脚如图 7-1 所示。

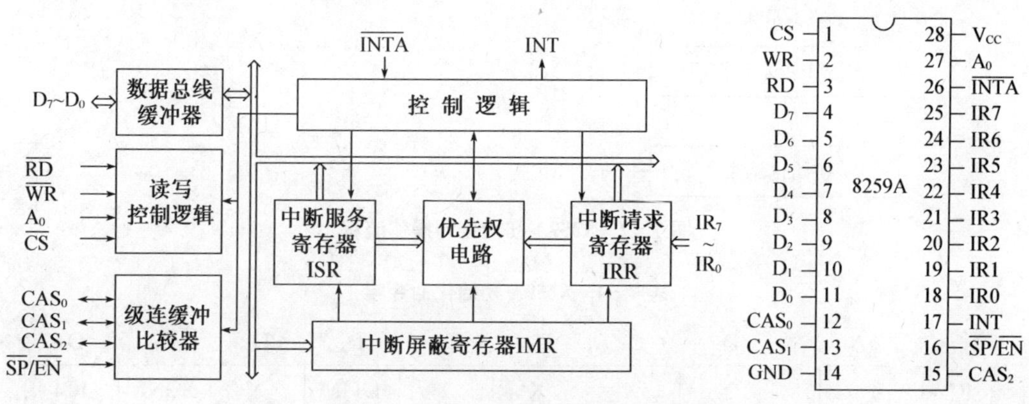

图 7-1　8259A 内部结构示意及引脚

8259A 必须进行初始化编程后，才能正常工作。8259A 只有一个地址总线引脚 A0，因此只有两个地址。而 8259A 有四个初始化命令字和三个操作命令字，以及一个查询字，因此，对 8259A 工作状态设置(即对 8259A 编程)必须按一定的流程(如图 7-2)进行。8259A 的编程分为初始化编程和正常工作时修改设置编程。

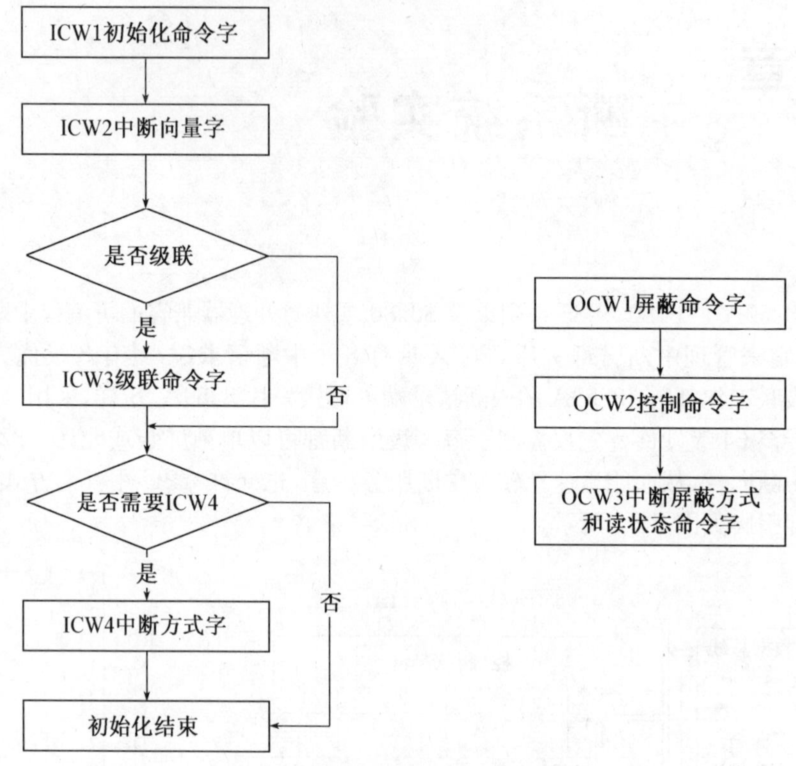

图 7-2　8259A 初始化和操作流程

表 7-1　8259A 初始化命令字

	A_0	D_7	D_6	D_5	D_4	D_3	D_2	D_1	D_0
ICW1	0	X	X	X	1	LTIM	X	SGNL	IC4
ICW2	1	T7	T6	T5	T4	T3	X	X	X
ICW3	1	S7	S6	S5	S4	S3	S2/ID2	S2/ID1	S0/ID0
ICW4	1	0	0	0	SFNM	BUF	M/S	AEOI	uPM

1. ICW1

IC4:是否要写 ICW4,IC4=1,要写入 ICW4;IC4=0,不需要写入 ICW4。

SNGL:单片或级连方式,SNGL=1,单片 8259A 方式,此时不需要写 ICW3;SNGL=0,级连方式,要写 ICW3。

LTIM:中断触发信号类型。LTIM=1,电平触发方式;LTIM=0,上升沿触发方式。

2. ICW2

ICW2 应紧跟着 ICW1 后写,并且 $A_0=1$。ICW2 中,T7～T3 为中断向量号的高 5 位,而低 3 位由 8259A 根据申请中断的输入端 IR 确定,并在向 CPU 发出中断类型码时,自动填入。若 IR0 申请中断,则最低三位为 000,IR1 为 001,……,IR7 为 111。

3. ICW3

8259A 级联系统中需要初始化 ICW3。

主片 8259A:ICW3 用 S7～S0 表示,当 Si=1,表示对应的引脚 IR7～IR0 上接有从片;Si=0,则表示该引脚没有接从片。

从片 8259A:ICW3 仅最低 3 位有效,并用 ID2～ID0 的组合编码,说明本从片的 INT 引脚接到主片的相应 IR 引脚。000 表示接到主片的 IR0,……,111 接到主片的 IR7。它实际上表示了本片 8259A 在中断系统中的序号,在响应中断过程中,若是从片的中断请求得到 CPU 响应,主片通过级连线 CAS_2～CAS_0 通知从片 8259A。组合编码 ID_2～ID_0 符合的从片,在 CPU 的下一个 $\overline{INTA}$ 有效期内,将中断类型码送到数据总线上。

4. ICW4

用于设置 8259A 的基本工作方式。

μPM:微处理器类型,80x86 时 μPM=1(这里必须置"1")。

AEOI:中断结束方式设定。

AEOI=1,为自动中断结束方式。

AEOI=0,为非自动中断结束方式。

M/S:若 8259A 是主片,M/S=1;从片,M/S=0。

BUF:8259A 数据线采用缓冲方式,BUF=1;非缓冲方式,BUF=0。

SFNM:SFNM=1,8259A 工作于特殊全嵌套方式;

SFNM=0,8259A 工作于普通全嵌套方式。

表 7-2 8259A 操作命令字

	A_0	D_7	D_6	D_5	D_4	D_3	D_2	D_1	D_0
0CW1	1	M7	M6	M5	M4	M3	M2	M1	M0
0CW2	0	R	SL	EOI	0	0	L2	L1	L0
0CW3	0	0	ESMM	SMM	0	1	P	RR	RIS
查询字	0	1	—	—	—	—	W2	W1	W0

5. OCW1

8259A 的中断屏蔽寄存器 IMR。Di=1,对应的中断请求输入端 IRi 被屏蔽。

6. OCW2

OCW2 是中断结束、优先权等控制命令字,其中,R,SL 和 EOI 3 位组合,用来设置中断结束和改变中断优先权顺序等,它们的组合方式见表 7-3 所示。L2～L3 位编码指定 IR 引脚,其编码规则如同 ICW2 中的 IR2～IR0。

表 7－3 中断结束方式

R	SL	EOI	功能	
0	0	1	普通 EOI,全嵌套方式	中断结束
0	1	1	特殊 EOI,全嵌套,L2～L1 指定的 ISR 清 0	
1	0	1	普通 EOI,优先权自动循环	自动循环
1	1	1	普通 EOI,优先权特殊循环,L2～L1 指定最低优先权 ISR	
1	0	0	自动 EOI,优先权自动循环	
0	0	0	自动 EOI,取消优先权自动循环	特殊循环
1	1	0	优先权特殊循环,L2～L1 指定最低优先权 ISR	
0	1	0	无操作	

7. OCW3

如表 7－4 所示,ESMM 和 SMM 两位用于设置中断屏蔽方式。

表 7－4 特殊屏蔽模式

ESMM	SMM	功能
1	0	复位为普通屏蔽
1	1	置位为特殊屏蔽
0	X	无操作

如表 7－5 所示,P,RR 和 RIS 三位的组合,规定随后读取的状态字含义。

表 7－5 查询命令字

P	RR	RIS	功能
1	X	X	下一个读指令,读查询字
0	1	0	下一个读指令,读 IRR
0	1	1	下一个读指令,读 ISR
0	0	X	无操作

实验 14 基本中断实验和中断时序分析

一、实验目的

1. 理解中断运行的原理
2. 掌握 8086/8088 与 8259A 中断服务程序的编写方法
3. 掌握中断服务程序的调试方法

二、实验内容

编制程序 SINT,实现简单外部中断服务,实现自定义变量计数器自增。

要求变量定义如下:

变量名　　变量类型　　变量功能
CNT　　　DB　　　　按键计数器,1 字节

三、实验步骤

1. 简单中断实验

Ex_14 参考流程图:

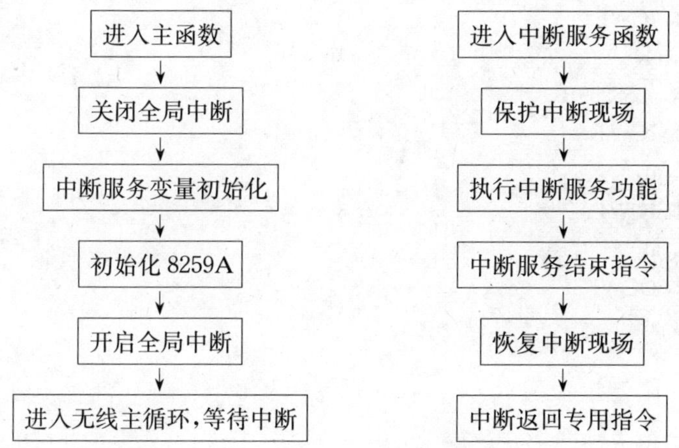

Ex_14 参考代码:

```
ICW1    equ   00010011b          ;单片 8259,上升沿中断,要写 ICW4
ICW2    equ   00100000b          ;中断号为 20H
ICW4    equ   00000001b          ;工作在 8086/88 方式
OCW1    equ   11111110b          ;只响应 INT0 中断
CS8259A   equ   09000h           ;8259 地址
CS8259B   equ   09001h

data   segment
CNT   db   0
data   ends

code   segment
    assume cs:code, ds: data

IEnter proc   near               ;中断服务程序
    push   ax                    ;保护中断现场
    push   dx
    inc   CNT                    ;中断服务功能
    mov   dx, CS8259A
    mov   al, 20h                ;中断服务程序结束指令
    out   dx, al
```

```
    pop  dx                     ;恢复现场
    pop  ax
    iret                        ;中断返回,专用指令
IEnter endp

IInit  proc
    mov  dx, CS8259A            ;中断控制器初始化
    mov  al, ICW1
    out  dx, al
    mov  dx, CS8259B
    mov  al, ICW2
    out  dx, al
    mov  al, ICW4
    out  dx, al
    mov  al, OCW1
    out  dx, al
    ret
IInit  endp

start  proc  near
    cli                         ;禁止全局中断
    mov  ax, 0                  ;中断向量初始化
    mov  ds, ax
    mov  bx, 4 * ICW2           ;中断号
    mov  ax, code
    shl  ax, 4                  ;x 16
    add  ax, offset IEnter      ;中断入口地址(段地址为0)
    mov  [bx], ax
    mov  ax, 0
    inc  bx
    inc  bx
    mov  [bx], ax               ;代码段地址为0
    call  IInit
    mov  ax, data
    mov  ds, ax
    mov  CNT, 0                 ;计数值初始为0
    sti                         ;打开全局中断
LP:                             ;等待中断,并计数
    jmp  LP

start  endp
```

```
code    ends
     end start
```

使用上述参考代码建立工程，编译并下载到 Lab6000 实验环境中。根据 8259A 地址定义和系统译码芯片连接情况如图 7－3，图 7－4 所示，硬件连接如下：

单脉冲按键	INT0	ICW2 equ 00100000b	;中断号为 20H
8259A 片选信号	CS1	CS8259A equ 09000h	;8259 地址
逻辑分析仪	L43	$\overline{\text{INTA}}$	中断响应信号

在中断服务程序代码中和主循环代码中分别设置断点，一次单击全速运行和按下单脉冲按键，观察系统中断状况和 CNT 变量的变化情况。

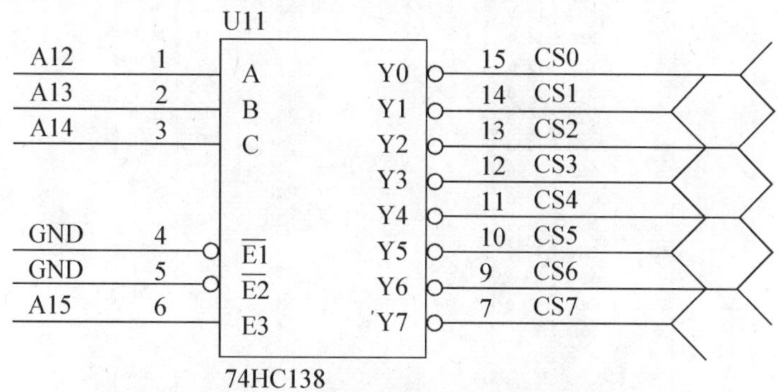

图 7－3 系统地址译码芯片连接图

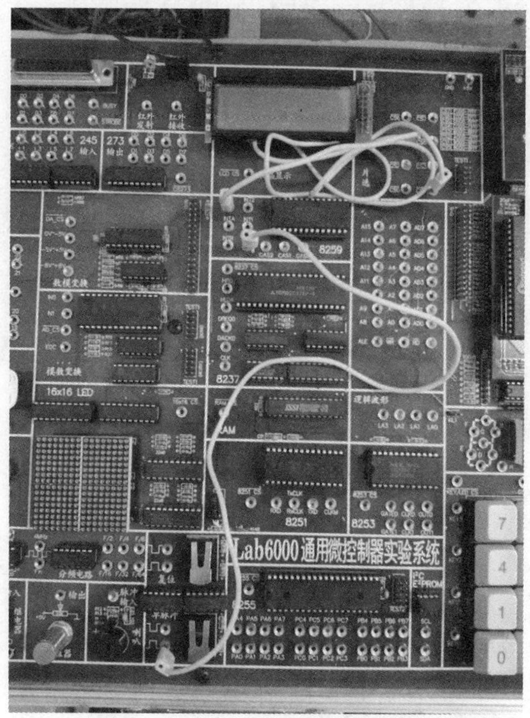

图 7－4 中断实验硬件连线图

2. 中断过程和时序分析

根据图 7－5 所示，中断服务程序存储于内存空间的 0x0410～0x041E 范围内。

```
0410H 50        PUSH  AX         ;  push  ax          ;保护中断现场
0411H 52        PUSH  DX         ;  push  dx
0412H FE060000  INC   [0000H]    ;  inc   CNT         ;中断服务功能
0416H BA0090    MOV   DX, 9000H  ;  mov   dx, CS8259A
0419H B020      MOV   AL, 20H    ;  mov   al, 20h     ; 中断服务程序结束指令
041BH EE        OUT   DX, AL     ;  out   dx, al
041CH 5A        POP   DX         ;  pop   dx          ;恢复现场
041DH 58        POP   AX         ;  pop   ax
041EH CF        IRET             ;  iret              ;中断返回，专用指令
```

图 7－5　中断服务程序汇编窗口

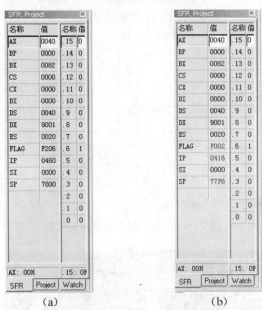

(a)

名称	值	名称	值
AX	0040	.15	0
BP	0000	.14	0
BX	0082	.13	0
CS	0000	.12	0
CX	0000	.11	0
DI	0000	.10	0
DS	0040	.9	0
DX	9001	.8	0
ES	0020	.7	0
FLAG	F206	.6	1
IP	0460	.5	0
SI	0000	.4	0
SP	7800	.3	0
		.2	0
		.1	0
		.0	0

AX: 00H　.15: 0F

(b)

名称	值	名称	值
AX	0040	.15	0
BP	0000	.14	0
BX	0082	.13	0
CS	0000	.12	0
CX	0000	.11	0
DI	0000	.10	0
DS	0040	.9	0
DX	9001	.8	0
ES	0020	.7	0
FLAG	F002	.6	1
IP	0416	.5	0
SI	0000	.4	0
SP	77F6	.3	0
		.2	0
		.1	0
		.0	0

AX: 00H　.15: 0F

图 7－6　中断响应前、后寄存器窗口

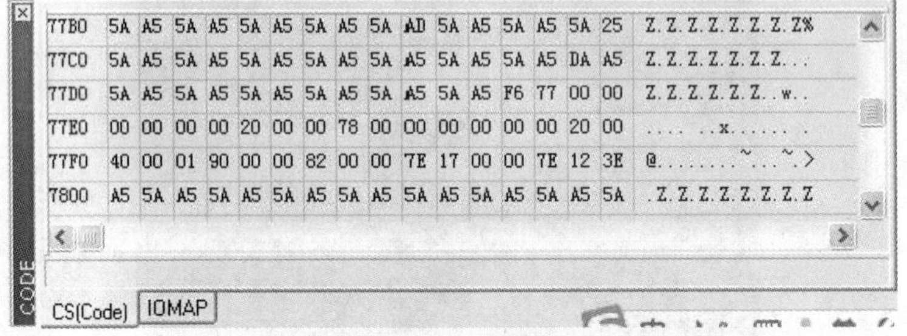

```
77B0  5A A5 5A A5 5A A5 5A A5 5A AD 5A A5 5A A5 5A 25  Z.Z.Z.Z.Z.Z.Z.Z%
77C0  5A A5 5A A5 5A A5 5A A5 5A A5 5A A5 5A A5 DA A5  Z.Z.Z.Z.Z.Z.Z...
77D0  5A A5 5A A5 5A A5 5A A5 5A A5 5A A5 F6 77 00 00  Z.Z.Z.Z.Z.Z..w..
77E0  00 00 00 00 20 00 00 78 00 00 00 00 00 00 20 00  .... ..x...... .
77F0  40 00 01 90 00 00 82 00 00 7E 17 00 00 7E 12 3E  @........~...~.>
7800  A5 5A A5 5A A5 5A A5 5A A5 5A A5 5A A5 5A A5 5A  .Z.Z.Z.Z.Z.Z.Z.Z
```


图 7－7　中断响应前堆栈空间窗口

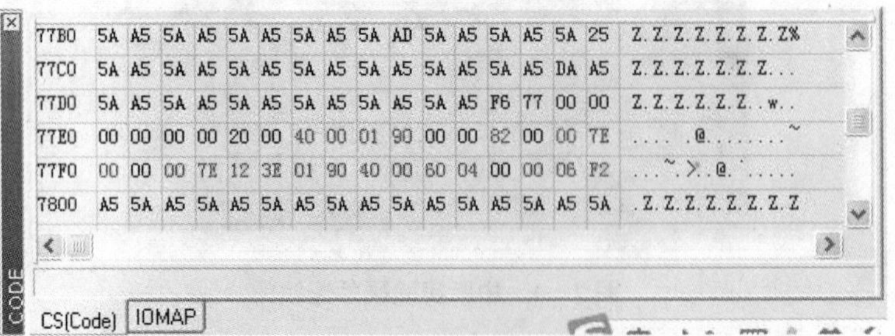

```
77B0  5A A5 5A A5 5A A5 5A A5 5A AD 5A A5 5A A5 5A 25  Z.Z.Z.Z.Z.Z.Z.Z%
77C0  5A A5 5A A5 5A A5 5A A5 5A A5 5A A5 5A A5 DA A5  Z.Z.Z.Z.Z.Z.Z...
77D0  5A A5 5A A5 5A A5 5A A5 5A A5 5A A5 F6 77 00 00  Z.Z.Z.Z.Z.Z..w..
77E0  00 00 00 00 20 00 40 00 01 90 00 00 82 00 00 7E  .... .@........~
77F0  00 00 00 7E 12 3E 01 90 40 00 60 04 00 00 06 F2  ...~.>..@.`.....
7800  A5 5A A5 5A A5 5A A5 5A A5 5A A5 5A A5 5A A5 5A  .Z.Z.Z.Z.Z.Z.Z.Z
```


图 7－8　中断响应后堆栈空间窗口

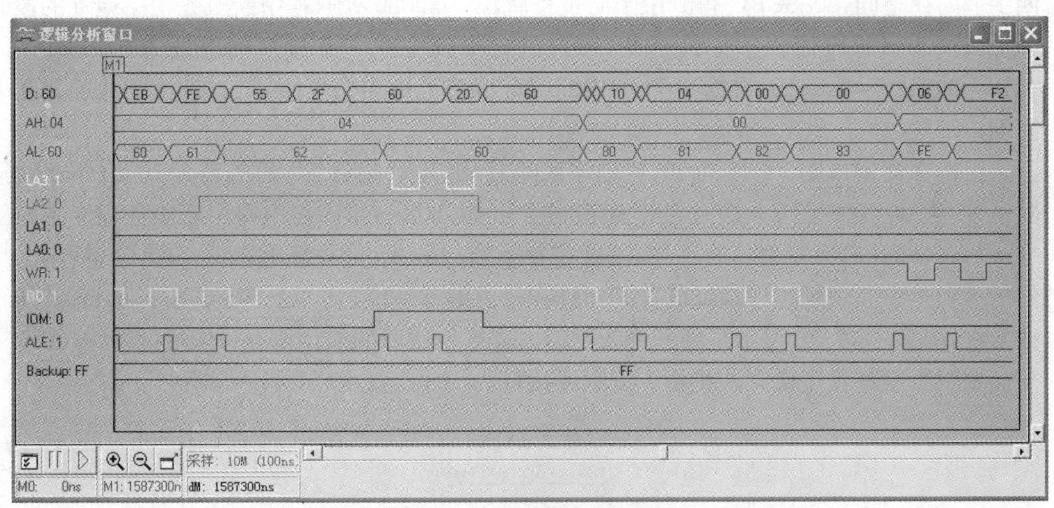

图 7－9　中断响应时序窗口 1

（其中：LA2 接 INTR 引脚，为 8259A 向 8088 申请中断引脚

LA3 接$\overline{\text{INTA}}$引脚，为 8088 响应 8259A 中断申请）

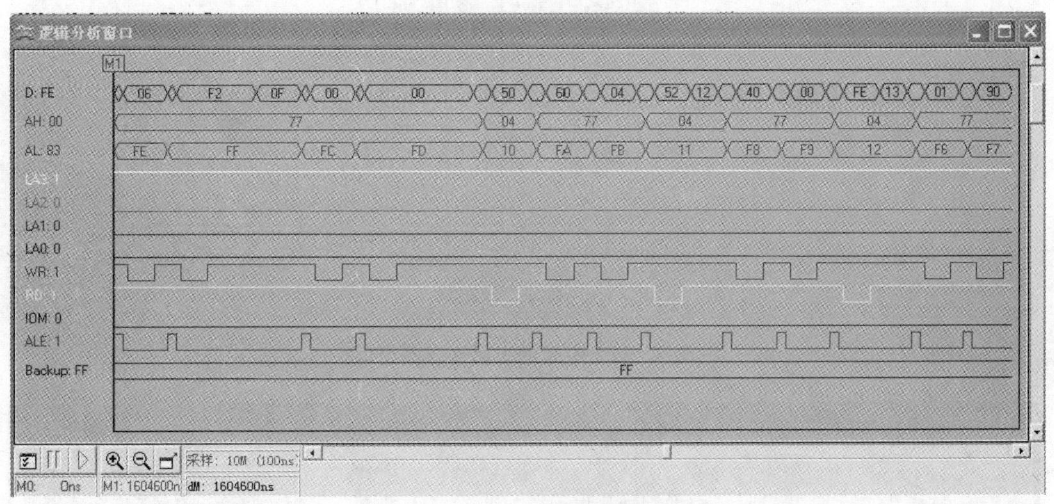

图 7－10　中断响应时序窗口 2

（1）中断响应过程：

中断发生前，8088CPU 执行主循环程序，等待中断的发生，代码地址 0x0460 如图 7－6(a)所示。

中断发生时，即按下单脉冲按键，8259A 通过 INT 引脚（连接了 8088CPU 的 INTR 引脚）向 8088CPU 申请中断，8088 通过在$\overline{\text{INTA}}$引脚（如图 7－9 中 LA3 所示）上发送两次负脉冲响应 8259A 申请的中断，此时，8259A 通过这两个负脉冲周期处理中断响应，并在第二个负脉冲使用数据总线向 8088CPU 送出此次中断的中断向量号。

如图 7－10 所示，中断向量号为 0x20，因此，中断向量的存储位置为 0x0080 开始的四字节内存空间，8088CPU 得到中断向量号后，从 0x0080 处取得中断服务程序地址的段地址（0x0000）和段内偏移地址（0x0410），组合得到中断服务程序的地址为：0x0000 × 0x10 + 0x0410 = 0x0410，根据图 7－5 中断服务程序汇编窗口所示，可以确认此地址是正确的。

由寄存器窗口图 7－11 可知，当前系统堆栈中，堆栈指针 SP 的值为 0x7800（本系统默认 SS 为 0），观察图 7－10 中断时序窗口 2 可知，8088 CPU 在取得中断服务程序入口地址后，立即开启保存现场的工作，结合寄存器窗口分析，最先压栈的是 FLAG 寄存器，然后分别是中断现场程序地址的段基地址和段内偏移地址，共 3 个 word，6 个 byte，共压栈 6 次，图 7－7，7－8 显示了中断进入前后内存区堆栈段的变化情况。压栈过程中，即开始读取中断服务程序代码并按指令流水线执行。

SFR, Project

名称	值	名称	值
AX	0040	.15	0
BP	0000	.14	0
BX	0082	.13	0
CS	0000	.12	0
CX	0000	.11	0
DI	0000	.10	0
DS	0040	.9	0
DX	9001	.8	0
ES	0020	.7	0
FLAG	F206	.6	1
IP	0480	.5	0
SI	0000	.4	0
SP	7800	.3	0
		.2	0
		.1	0
		.0	0

AX: 00H .15: 0F

SFR Project Watch

图 7－11 中断退出后寄存器窗口

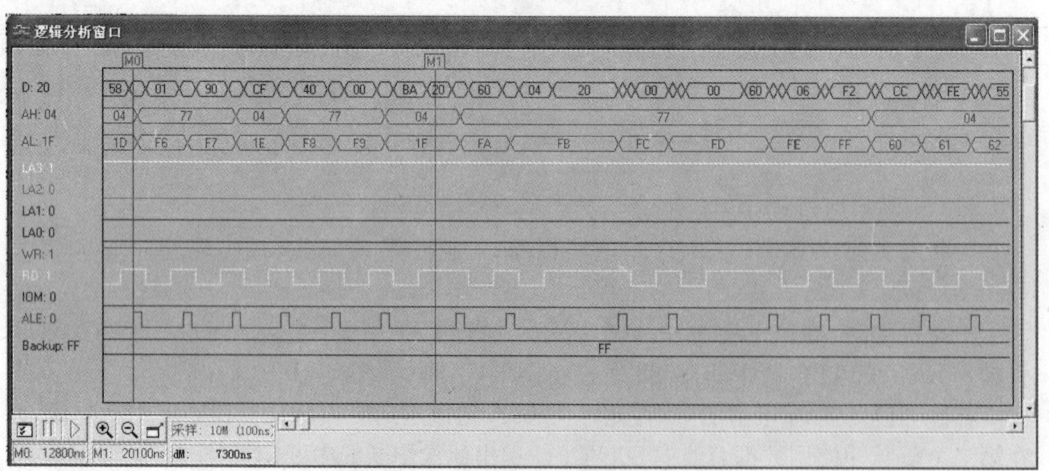

图 7－12 中断退出时序窗口

(2) 中断退出过程：

中断服务程序执行完成后，首先手动恢复寄存器现场，即执行弹栈指令，如下：

```
pop   dx              ;恢复现场
pop   ax
```

执行过程如图 7－12 中光标 M0 与 M1 之间的读取内存时序，地址分别为 0x77F6 和 0x77F8 开始的地址单元。

最后执行中断退出指令 iret，弹出之前自动保护现场的内容，并获取进入中断时的主程序代码地址。执行过程如图 7－12 M1 后的读总线周期，地址为 0x77FA 开始的六个地址单元。图 7－11 显示了中断退出后 CPU 中寄存区的状态，其 IP 为 0x0460，表明 CPU 从断点处继续执行被中断源打断的主程序。

CPU 获取中断现场地址后，即转入中断前的主程序继续执行，至此中断结束。

习　题

1．编制中断程序实现抢答器任务

编制程序 FirstA，实现三人抢答器功能。

抢答结果和抢答顺序放在自定义变量中。

2．编制程序实现中断嵌套

编制程序 Nesting，实现中断嵌套功能。

第八章 通用并行接口实验

微处理需要完成工作,必须与外部设备进行数据交互。一般来讲,CPU 无法直接与外部器件直接通信,完成数据需要各种接口芯片配合实现,CPU 与外部接口共同组成了计算机系统或者微处理器控制系统。在系统内部,CPU 与接口芯片的通信需要遵循 CPU 总线规则;系统与外部器件、设备的通信则由接口芯片完成。接口芯片与外部设备的通信主要分为并行通信和串行通信两类,本章使用并行接口芯片完成实验。

一、数据收发器 74LS245

74LS245 是一种三态双向 8 总线收发器,如图 8-1 所示,其内部逻辑电路如图 8-2 所示。它的 16 个数据端分为 A、B 两组,8 个完全相同的单元,每一引脚既可以是输入,也可以是输出。数据传送方向由控制端 DIR 确定,当 DIR 为高电平时,数据从 A 到 B;反之,数据从 B 到 A。$\overline{G}$为使能端,当为低电平时,数据端 A、B 连通;当为高电平时,呈阻断状态(高阻态)。真值表见 8-1 所示。

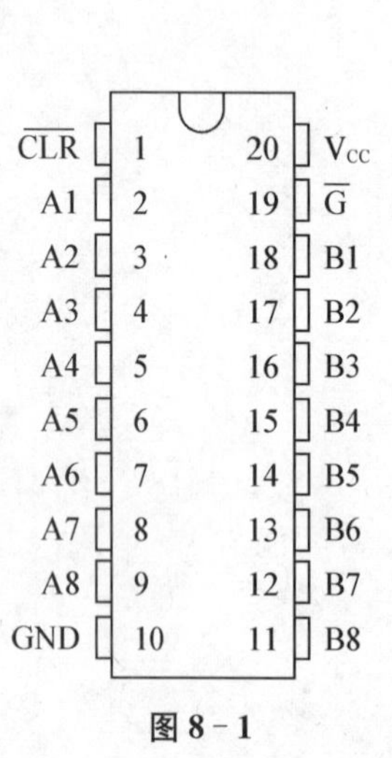

图 8-1

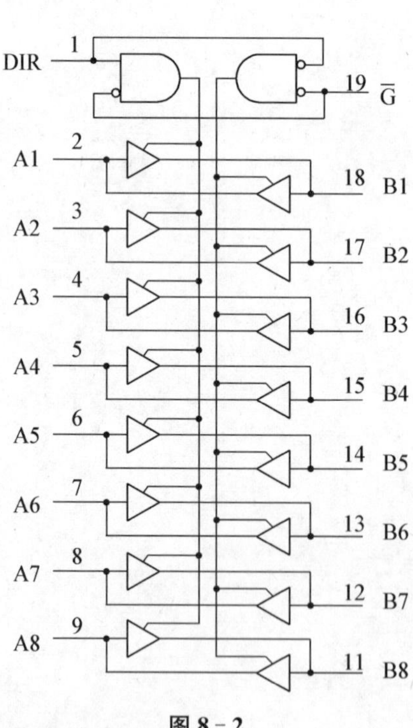

图 8-2

表 8-1

INPUTS		INPUTS/OUTPUTS	
$\overline{G}$	DIR	A_n	B_n
L	L	A = B	Inputs
L	H	Inputs	B = A
H	X	Z	Z

H = HIGH voltage level
L = LOW voltage level
X = Don't care
Z = High impedance OFF-state

二、数据锁存器 74LS273

74LS273 是带有清除端的 8D 触发器，只有在清零端保持高电平时，才具有锁存功能，锁存控制端为 11 脚 CLK，采用上升沿锁存，常用作 CPU 的地址锁存器，此时 CPU 的 ALE 信号必须经过反相器反相之后才能与 74LS273 的控制端 CLK 端相连。其引脚图如图 8-3 所示，真值表见表 8-2 所示，逻辑框图如图 8-4 所示。

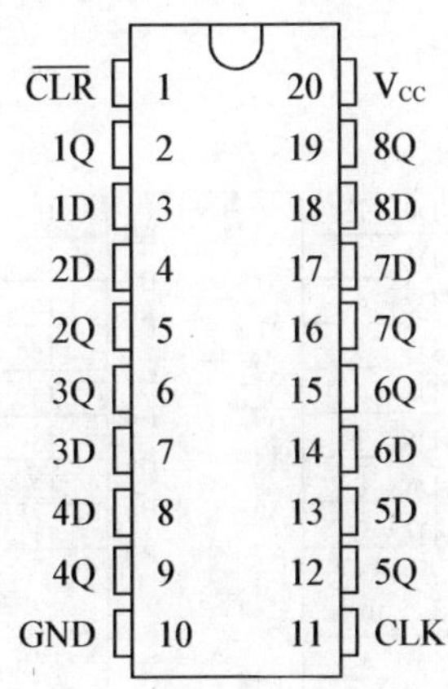

图 8-3

表 8-2

INPUTS			OUTPUT
CLEAR	CLOCK	D	Q
L	X	X	L
H	↑	H	H
H	↑	L	L
H	L	X	Q_0

logic diagram (positive logic)

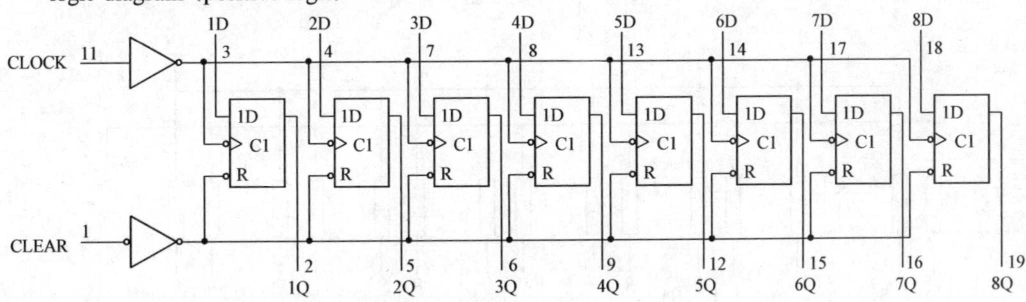

{Pin numbers shown are for the. DW, J.N, and W packages.

图 8-4

实验 15 基本输入输出实验——74LS245 74LS273

一、实验目的

1. 理解 8086/8088 输入输出接口地址分配规则
2. 了解 CPU 常用的端口连接总线的方法
3. 学习嵌入式系统中扩展数字量 IO 接口的方法
3. 掌握使用 74LS245 和 74LS273 进行数据读入或输出的方法

二、实验内容

分别连接实验箱上的基本输入输出芯片 74LS245、74LS273，并根据硬件连接分配地址、编制程序，实现基本输入开关检测和 LED 指示灯输出指示。使用 74LS245 读入开关数据，存入输入缓存，并赋值给输出缓冲；使用扫描方式，持续扫描输出给 74LS273。

三、实验步骤

1. 实验电路及连线

74LS245 及拨动开关连接如图 8-5、图 8-6 所示。

连线	连接孔 1	连接孔 2
1	K0	245-I0
2	K1	245-I1
3	K2	245-I2
4	K3	245-I3
5	K4	245-I4
6	K5	245-I5
7	K6	245-I6
8	K7	245-I7
9	CS0	CS245

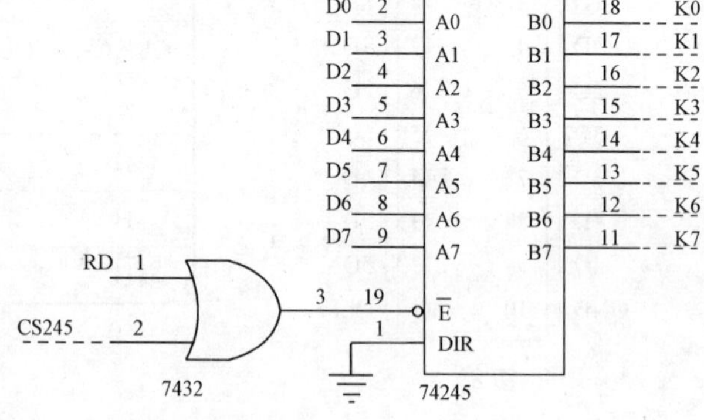

图 8-5 74LS245 接线图

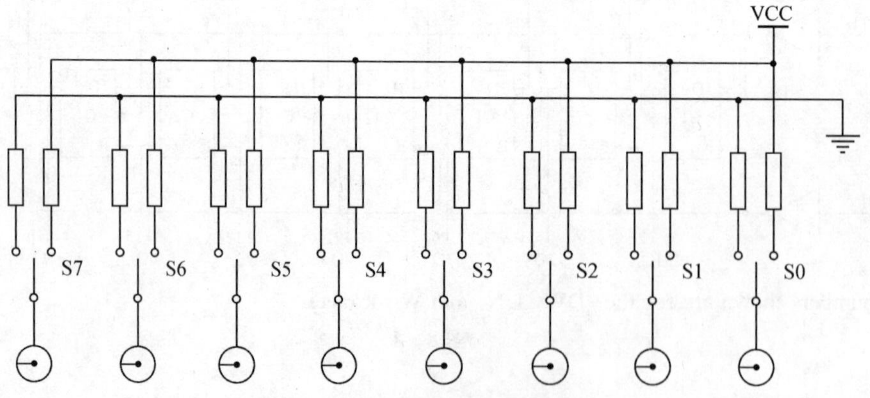

图 8-6 外部开关接线图接线图

一般 CPU 外围需要挂载很多数字量输入器件以读取外部数字输入量，74LS245 即为防止总线冲突常采用的一种总线接口器件。本实验中 74LS245 的片选(cs)地址为$\overline{CS0}$，即 0x8000H，读取此地址，就可以通过 74LS245 读取外部数字量的值，本实验中即为开关的值。可以采用单步调试方式执行程序，观察寄存器中读回的值。

74LS273 及拨动开关连接如图 8-7 所示。

连线	连接孔 1	连接孔 2
1	L0	273-00
2	L1	273-01
3	L2	273-02
4	L3	273-03
5	L4	273-04
6	L5	273-05
7	L6	273-06
8	L7	273-07
9	$\overline{CS1}$	CS273

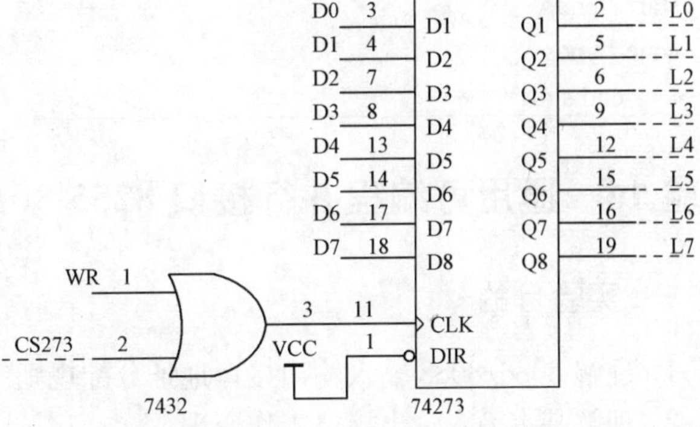

图 8-7　74LS273 接线图

在输出部分中，通过片选信号和写信号将数据总线上的值锁存在 74LS273 中，同时在 74LS273 的输出端输出，即使数据总线上的值撤销或者改变，但是 11 脚即 CLK 上没有触发信号，则其数据一直保持下去，直到下次数据指令到来。本实验中 74LS273 的片选(cs)地址为$\overline{CS1}$，即 0x9000H，即可以通过 74LS273 输出内部数据，本实验中通过 LED 指示数据值，如图 8-8 所示。

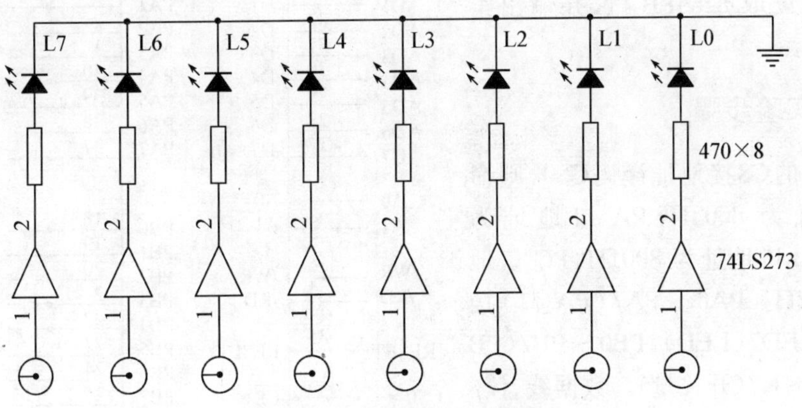

图 8-8　LED 指示灯接线图

2. Ex_15 参考程序

```
CS245   equ 08000h
CS273   equ 09000h
code   segment
    assume cs:code
start   proc   near
```

```
Again:
      mov   dx, CS245          ;从 245 端口读入开关量
      in  al, dx
      mov   dx, CS273          ;通拓 273 端口向 LED 灯输出开关量数据
      out  dx,al
      jmp  Again
start   endp
code   ends
      end start
```

实验 16 通用可编程并行接口 8255

一、实验目的

1. 理解 8086/8088 输入输出接口地址分配规则
2. 理解基本输入输出接口工作原理
3. 掌握可编程输入输出接口 8255 的基本使用方法

二、实验内容

利用 8255 可编程并行口芯片,实现输入/输出实验,实验中用 8255PA 口作输出,PB 口作输入。编制程序,实现基本输入开关检测和 LED 指示灯输出指示。使用扫描方式读取 8255PB 口,并输出给 PA 口。

三、实验步骤

8255 的 $\overline{CS}$ 接地址译码 $\overline{CS0}$,则命令字地址为 8003H,PA 口地址为 8000H,PB 口地址为 8001H,PC 口地址为 8002H。PA0～PA7(PA 口)接 LED0～LED7(LED),PB0～PB7(PB 口)接 K0～K7(开关量)。数据线、读/写控制、地址线、复位信号板上已接好。可编程通用接口芯片 8255A 有三个八位的并行 I/O 口,它有三种工作方式。本实验采用的是方式 0:PA 口输出,PB 口输入。很多 I/O 实验都可以通过 8255 来实现。系统接线图如图 8-9 所示,其中开关和 LED 指示灯接线图

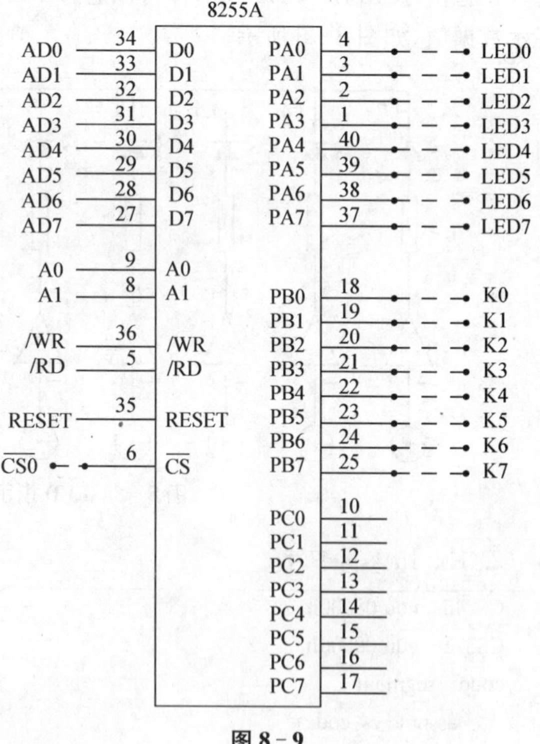

图 8-9

见上节实验。

1. Ex_07 参考流程图

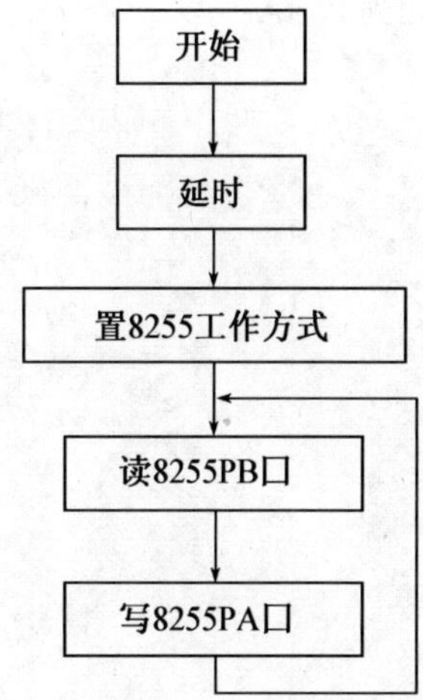

2. Ex_16 参考程序：

```
mode    equ   082h        ;方式 0,PA,PC 输出,PB 输入
PortA   equ   8000h       ;Port A
PortB   equ   8001h       ;Port B
PortC   equ   8002h       ;Port C
CAddr   equ   8003h       ;控制字地址
code  segment
    assume cs:code
start  proc  near
Start:
    mov  al, mode
    mov  dx, CAddr
    out  dx, al           ;输出控制字
    ;实验 1:PortA 输出测试
    mov  al, 80H
    mov  cx, 08H
OutA:
    mov  dx, PortA
    out  dx, al           ;输出 PortA
    shr  al, 1            ;移位
    mov  ah,100
    call  delay           ;延时
    loop  OutA
    ;实验 2:PortB 输入 PortA 输出
    mov  dx, PortB
```

```
        in   al, dx              ;读入 PortB
        mov  dx, PortA
        out  dx, al              ;输出到 PortA
        mov  ah, 200
        call delay
        jmp  Start
start  endp
delay  proc near
        push ax
        mov  al,0
        push cx
        mov  cx,ax
        loop $
        pop  cx
        pop  ax
        ret
delay  endp
code   ends
        end start
```

习 题

1. 编制键盘扫描和 LED 显示实验

实验内容：编制程序，利用伟福 Lab8000 试验仪提供的矩阵式键盘和八段数码管显示电路，实现对键盘的扫描，并将按键值顺序显示在数码管中，其中数码管采用动态扫描方法动态显示数据；实验仪中数码管和矩阵键盘电路如图 8－10 所示。

2. 8255 选通模式应用和时序分析

8255 工作于方式 1 时，为选通输入或输出方式，是一种借助于选通（应答）联络信号进行输入或输出的工作方式。

实验内容：设置 8255 的 A 口为选通输入方式，Stb 信号接单脉冲按键作为触发选通按键，A 口接普通数据开关；每次按下单脉冲按键触发 CPU 读取 A 口数据并显示在 LED 灯上。

使用逻辑分析仪，读取 8255 选通工作方式中的应答联络信号，并截图分析其时序。

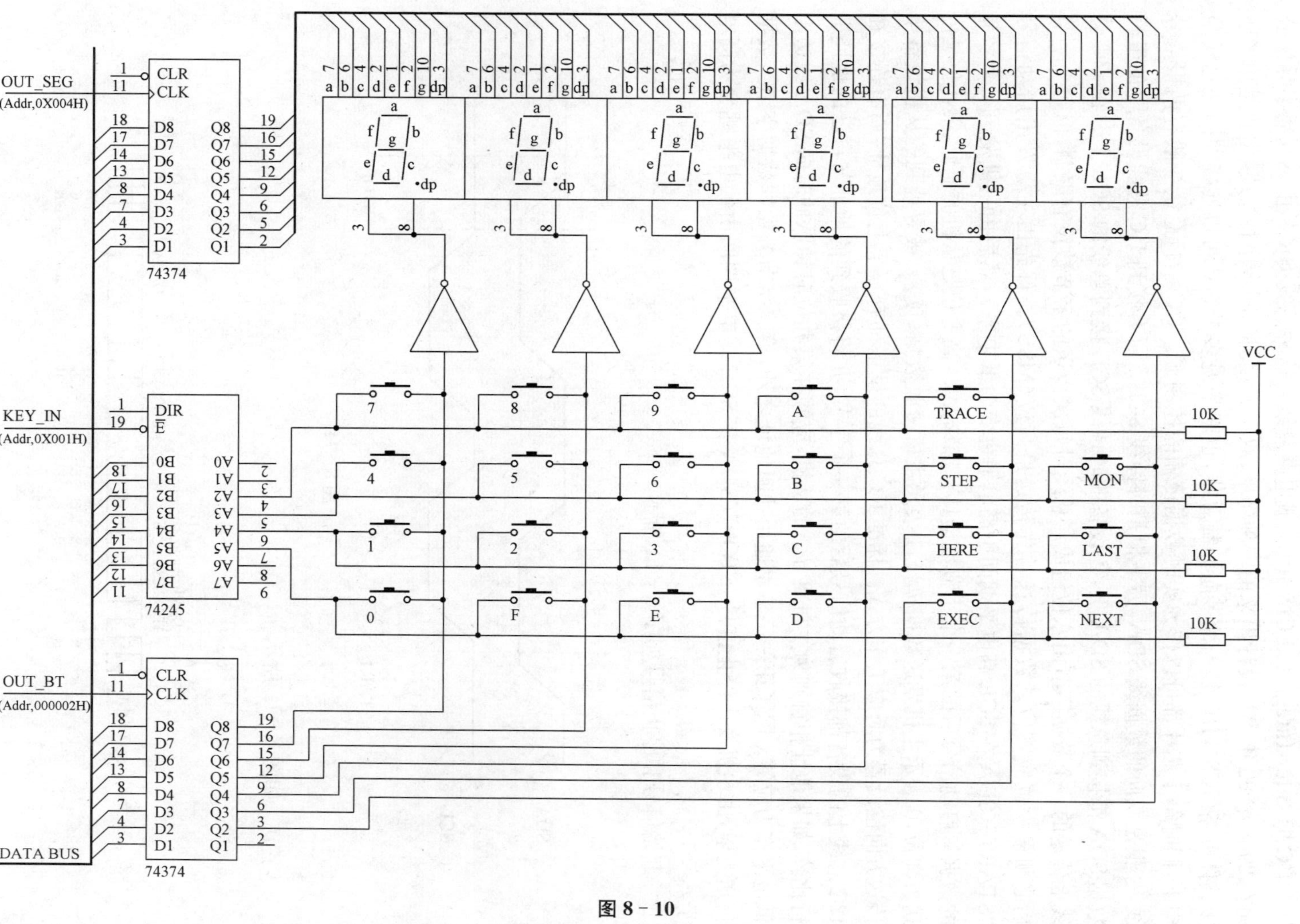
OUT_SEG
(Addr,0X004H)
KEY_IN
(Addr,0X001H)
OUT_BT
(Addr,000002H)
DATA BUS
74374
74245
74374
VCC
10K
TRACE
STEP
HERE
EXEC
MON
LAST
NEXT

图 8-10

3. 普通输入输出口模拟 I^2C 通信读取 AT24C02

I^2C 即 Inter-Integrated Circuit(集成电路总线),这种总线类型是由飞利浦半导体公司在 20 世纪 80 年代初设计出来的一种简单、双向、二线制、同步串行总线,主要是用来连接整体电路(ICS),IIC 是一种多向控制总线,也就是说多个芯片可以连接到同一总线结构下,同时每个芯片都可以作为实时数据传输的控制源。I^2C 串行总线一般有两根信号线,一根是双向的数据线 SDA,另一根是时钟线 SCL。所有接到 I^2C 总线设备上的串行数据 SDA 都接到总线的 SDA 上,各设备的时钟线 SCL 接到总线的 SCL 上。在 I2C 总线上传送的一个数据字节由八位组成。总线对每次传送的字节数没有限制,但每个字节后必须跟一位应答位。数据传送首先传送最高位(MSB)。首先由主机发出启动信号"START"(SDA 在 SCL 高电平期间由高电平跳变为低电平),然后由主机发送一个字节的数据。启动信号后的第一个字节数据具有特殊含义:高七位是从机的地址,第八位是传送方向位,0 表示主机发送数据(写),1 表示主机接收数据(读)。被寻址到的从机设备按传送方向位设置为对应工作方式。标准 I^2C 总线的设备都有一个七位地址,所有连接在 I2C 总线上的设备都接收启动信号后的第一个字节,并将接收到的地址与自己的地址进行比较,如果地址相符则为主机要寻访的从机,应答在第九位时钟脉冲时向 SDA 线送出低电平作为应答。除了第一字节是通用呼叫地址之外,第二字节开始即数据字节。数据传送完毕,由主机发出停止信号"STOP"(SDA 在 SCL 高电平期间由低电平跳变为高电平)。

起始信号和停止信号如图 8-11 所示。

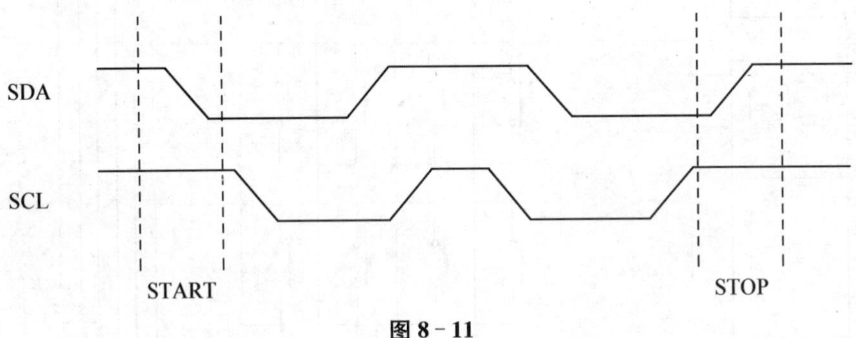

图 8-11

字节写如图 8-12 所示。

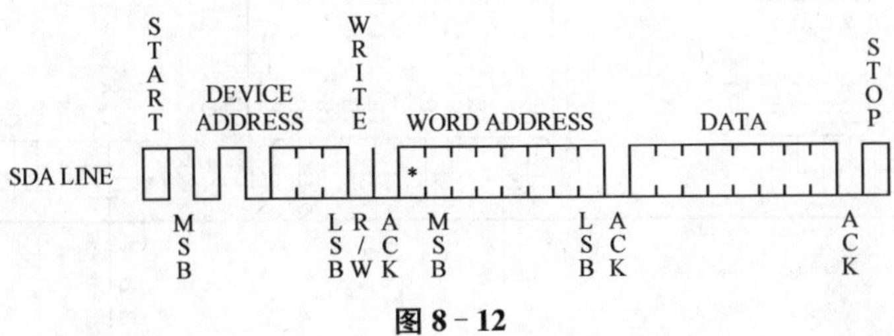

图 8-12

页写如图 8－13 所示。

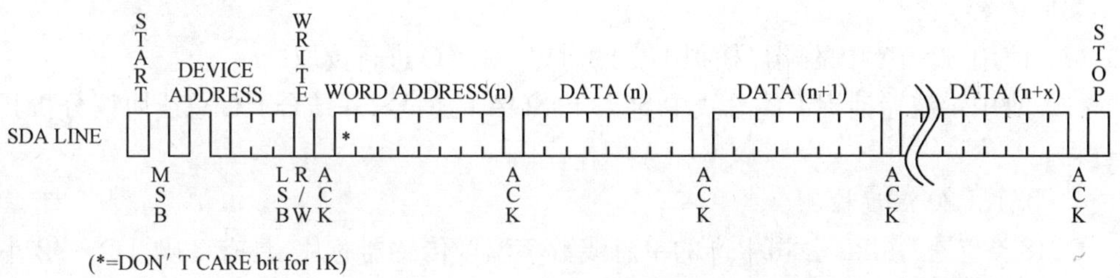

图 8－13

当前地址读如图 8－14 所示。

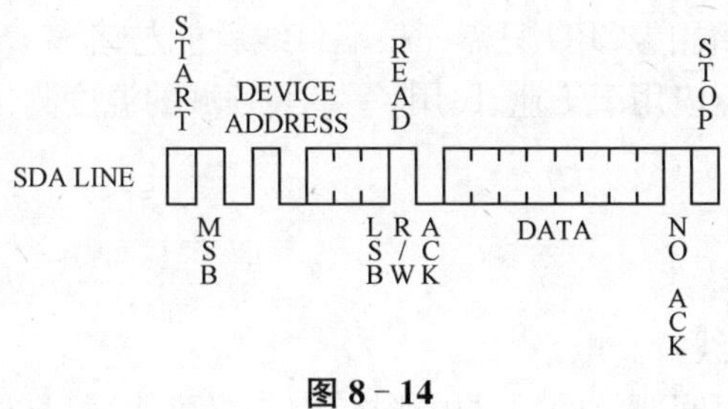

图 8－14

任意地址读如图 8－15 所示。

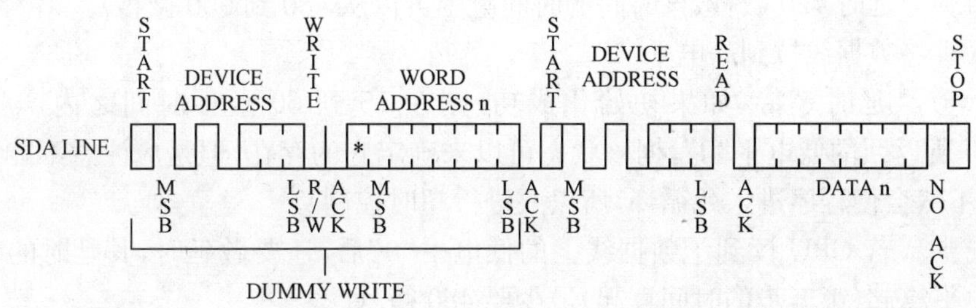

图 8－15

序列读如图 8－16 所示。

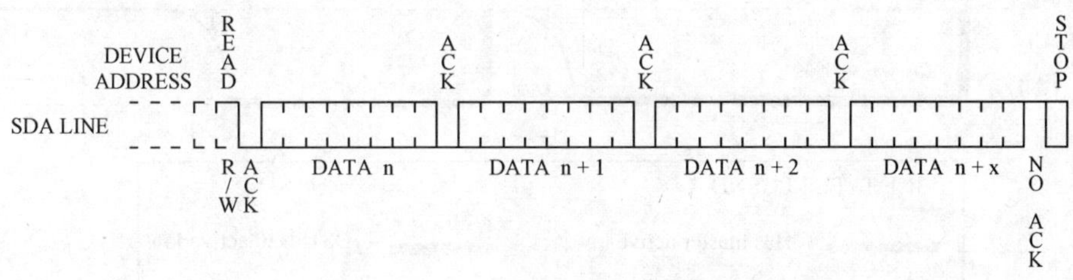

图 8－16

由于 I^2C 总线标准对于 SCL 和 SDA 线上的时序要求严格，但对信号持续时间要求宽松，因此，可以使用各类普通 IO 接口模拟 I^2C 总线时序进行总线操作。伟福 Lab8000 实

验箱板搭载了支持 I^2C 总线的 EEPROM 存储芯片——AT24C02，可以方便进行 I^2C 实验。

实验内容：

(1) 使用 8255A 中的端口模拟 IIC 的时序，对 I^2C 进行读取。

(2) 使用示波器捕捉 I^2C 总线中 SCL 和 SDA 的信号，并结合 I^2C 总线协议分析其时序过程。

4. DS18B20 温度检测

DS18B20 是 Dallas 公司生产的单总线数字温度传感器芯片，具有 3 脚 TO－92 小体积封装形式；温度测量范围为－55 ℃～＋125 ℃；可编程为 9～12 位 A/D 转换精度；用户可自设定非易失性的报警上下限值；被测温度用 16 位补码方式串行输出；测温分辨率可达 0.0625℃；其工作电压既可在远端引入，也可采用寄生电源方式产生；多个 DS18B20 可以并联到 3 根或两根线上，CPU 只需一根端口线就能与诸多 DS18B20 通信，占用微处理器的端口较少，可广泛应用于工业、民用、军事等领域的温度测量及控制仪器、测控系统和大型设备中。

DS18B20 时序介绍：

初始化(如图 8－17)

第一步　先将数据线置高电平“1”。

第二步　延时(该时间要求的不是很严格，但是尽可能短一点)

第三步　数据线拉到低电平“0”。

第四步　延时 750 微秒(该时间的时间范围可以从 480 到 960 微秒)。

第五步　数据线拉到高电平“1”。

第六步　延时等待(如果初始化成功，则在 15 到 60 微秒时间之内产生一个由 DS18B20 所返回的低电平“0”，据该状态可以来确定它的存在，但是应注意不能无限地进行等待，不然会使程序进入死循环，所以要进行超时控制)。

第七步　若 CPU 读到了数据线上的低电平“0”后，还要做延时，其延时的时间从发出的高电平算起(第五步的时间算起)最少要 480 微秒。

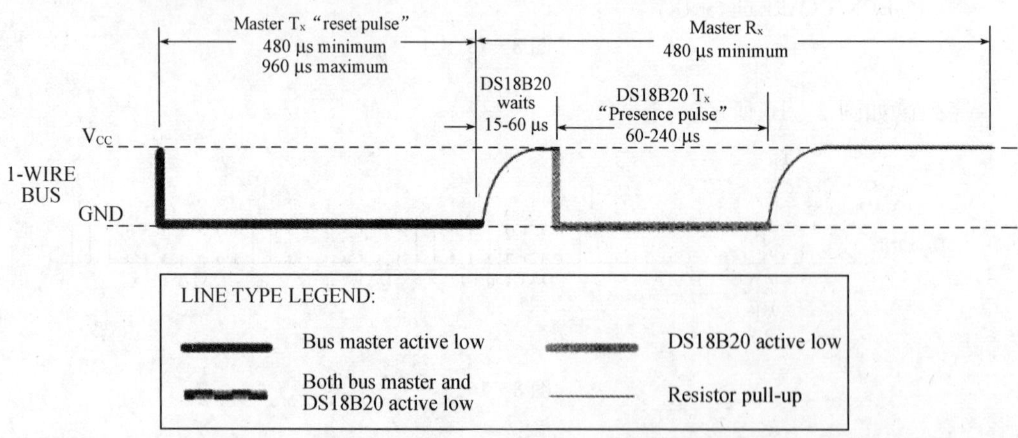

图 8－17　INITIALIZATION PROCEDURE“RESET AND PRESENCE PULSES”

第八步 将数据线再次拉高到高电平“1”后结束。

写操作(如图 8-18)

第一步 数据线先置低电平“0”。

第二步 延时确定的时间为 15 微秒。

第三步 按从低位到高位的顺序发送字节(一次只发送一位)。

第四步 延时时间为 45 微秒。

第五步 将数据线拉到高电平。

第六步 重复第一步到第六步的操作直到所有的字节全部发送完为止。

第七步 最后将数据线拉高。

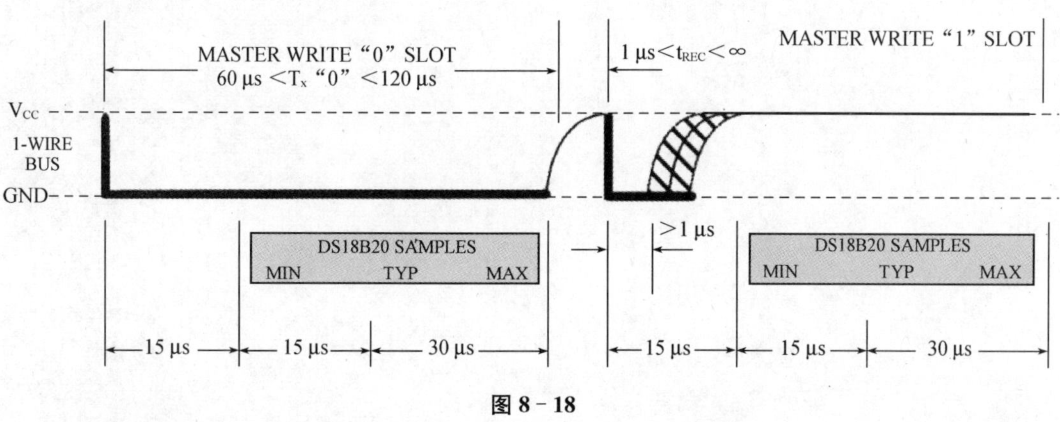

图 8-18

读操作(如图 8-19)

第一步 将数据线拉高“1”。

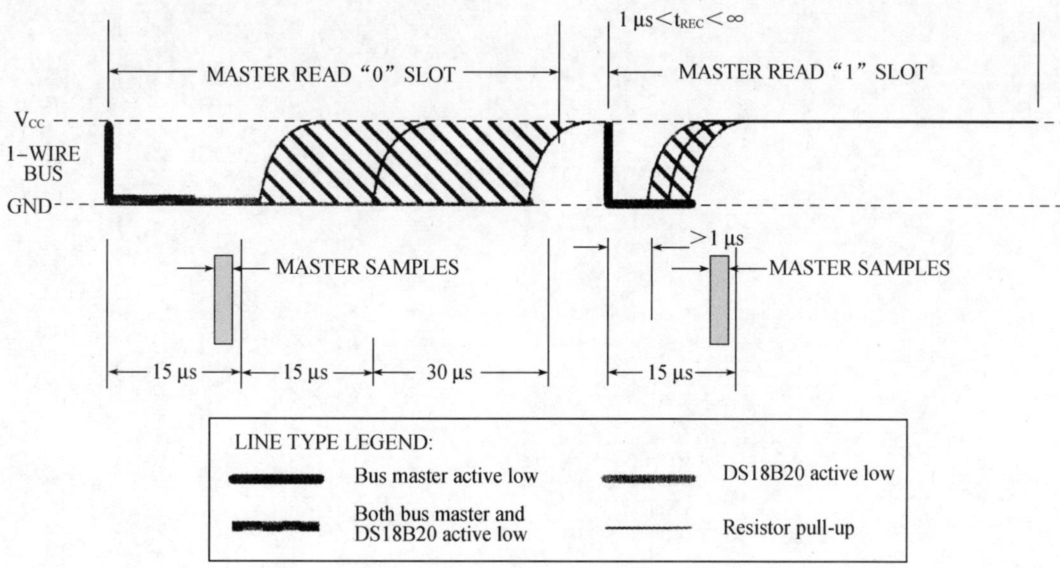

图 8-19

第二步　延时 2 微秒。

第三步　将数据线拉低“0”。

第四步　延时 3 微秒。

第五步　将数据线拉高“1”。

第六步　延时 5 微秒。

第七步　读数据线的状态得到 1 个状态位，并进行数据处理。

第八步　延时 60 微秒。

实验内容：使用 8255A 中的接口，读取 DS18B20 的传感数据。

第九章 DMA 控制器实验

一、DMA 原理介绍

DMA 方式，Direct Memory Access，也称为成组数据传送方式，有时也称为直接内存操作。DMA 方式在数据传送过程中，没有保存现场、恢复现场之类的工作。由于 CPU 根本不参加传送操作，因此，就省去了 CPU 取指令、取数、送数等操作。内存地址修改、传送字个数的计数等等，也不是由软件实现，而是用硬件线路直接实现的。所以 DMA 方式能满足高速 I/O 设备的要求，也有利于 CPU 效率的发挥。

一个设备接口试图通过总线直接向另一个设备发送数据(一般是大批量的数据)，它会先向 CPU 发送 DMA 请求信号。外设通过 DMA 的一种专门接口电路——DMA 控制器(DMAC)，向 CPU 提出接管总线控制权的总线请求，CPU 收到该信号后，在当前的总线周期结束后，会按 DMA 信号的优先级和提出 DMA 请求的先后顺序响应 DMA 信号。CPU 对某个设备接口响应 DMA 请求时，会让出总线控制权。于是在 DMA 控制器的管理下，外设和存储器直接进行数据交换，而不需 CPU 干预。数据传送完毕后，设备接口会向 CPU 发送 DMA 结束信号，交还总线控制权。

二、DMA 控制器 8237A

Intel8237A 是一种高性能的可编程 DMA 控制器芯片，在 5MHz 时钟频率下，传输速率可达每秒 1.6MB。其外部引脚图和内部结构框图分别如图 9－1、图 9－2 所示。每个 8237A 芯片有 4 个独立的 DMA 通道和 4 个 DMA 控制器(DMAC)。DMA 通道具有固定的优先权，通道 0 优先级最高，通道 3 优先级最低。DMA 传输不存在嵌套过程，因此，优先级只是在请求 DMA 传输时，当某个通道 DMA 传输过程开始后，必须等其传输完成，其他通道才可以进

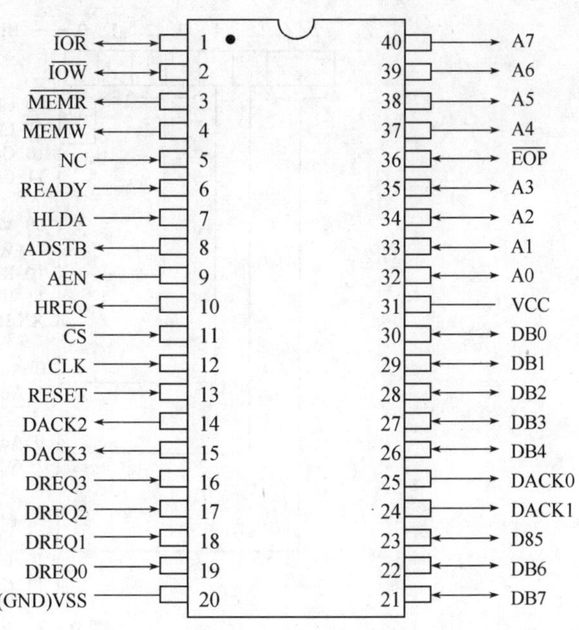

图 9－1 8237A 引脚图

行 DMA 传输。各 DMA 通道可以分别允许和禁止。8237A 有四种工作方式，一次 DMA 传输的数据量最多可达 64 KB。

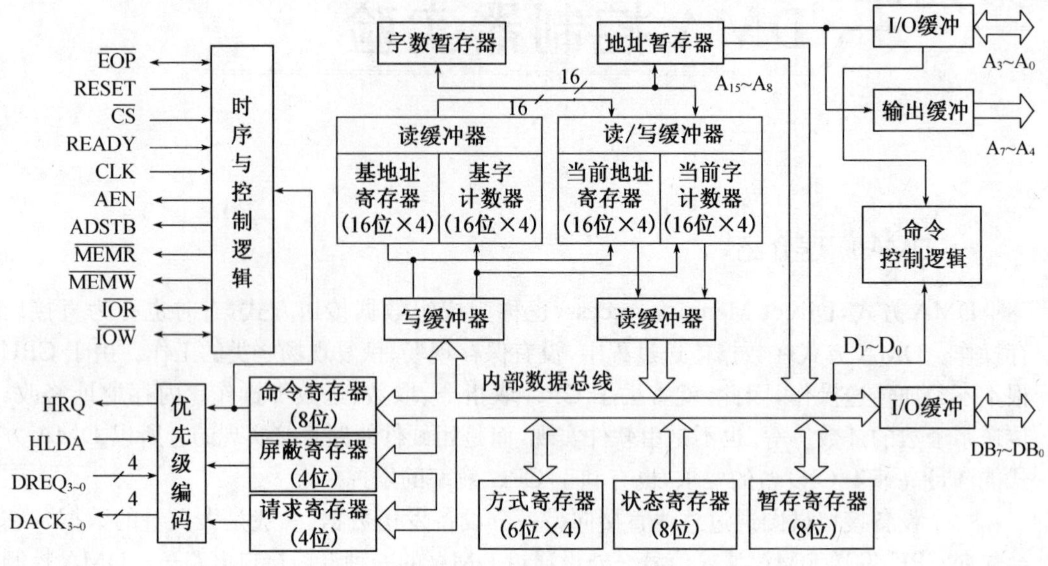

图 9-2　8237A 内部结构图

8237A 进行工作前，应对其编程初始化，要初始化的寄存器有：命令寄存器、地址寄存器、字节数寄存器、方式寄存器、屏蔽寄存器。用软件请求启动 DMA 传输时，应写请求寄存器。

模式寄存器控制字如图 9-3 所示。

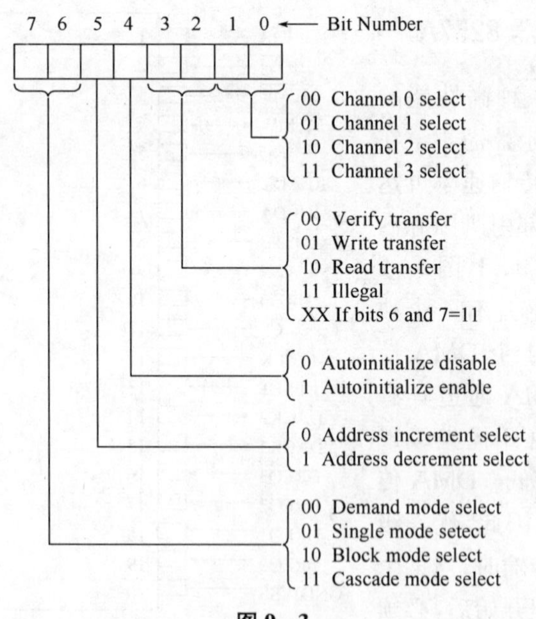

图 9-3

命令字格式如图 9－4 所示。

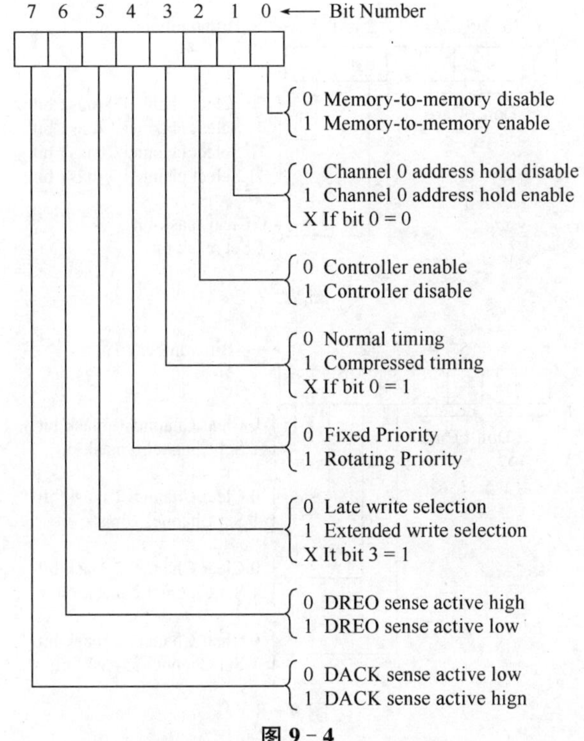

图 9－4

请求字格式如图 9－5 所示。

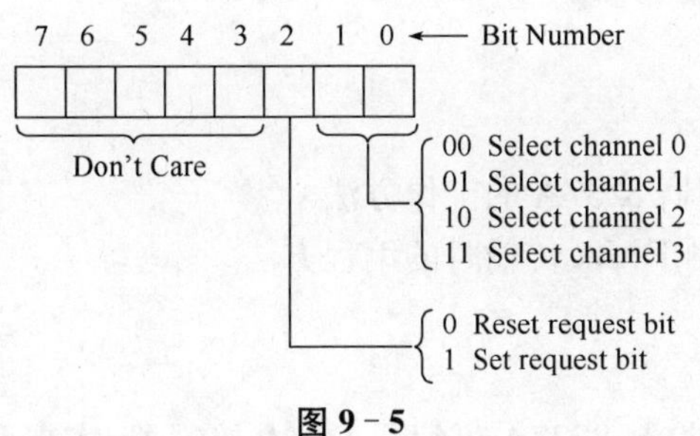

图 9－5

状态字格式如图 9－6 所示。

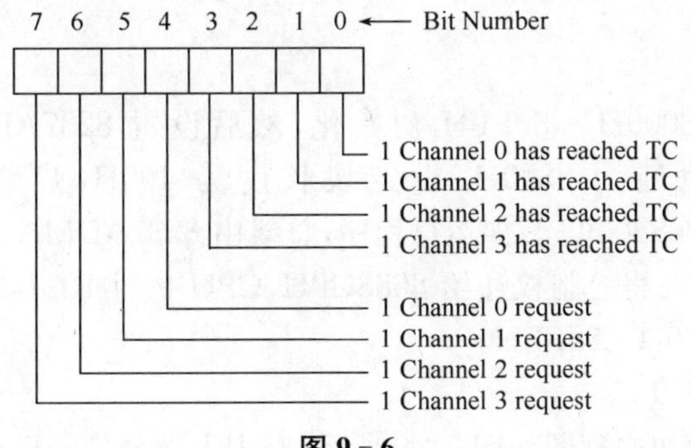

图 9－6

屏蔽字格式(两种)如图 9－7 与图 9－8 所示。

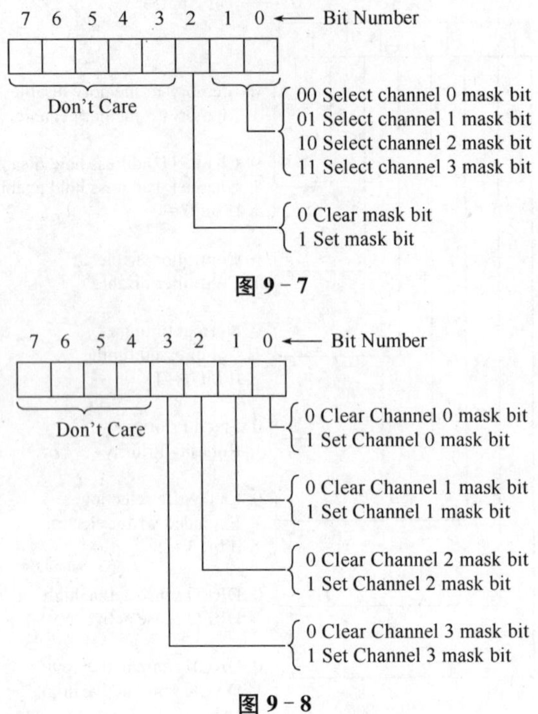

图 9－7

图 9－8

实验 17 8237A 存储器间 DMA 传输实验

一、实验目的

1. 理解 DMA 控制器 8237A 的工作方法
2. 掌握 8237A 控制 DMA 传输时的编程方法

二、实验内容

利用 8086/88CPU 控制 8237A 可编程 DMA 控制器，实现两个存储器之间的 DMA 块传输。

三、实验步骤

首先将存储器 8000H－80FFH 初始化，然后设置 8237ADMA，设置源地址为 8000H，设定目标地址为 8800H，设定块长度为 100H，启动 8237ADMA 传输，8237ADMA 工作时 8088CPU 暂停运行程序，总线由 8237ADMA 控制，在 DMA 传输完 100H 个单元后，8237A 将控制权还给 8088CPU，CPU 执行 RET 指令，可以设置断点暂停程序，检查验证 8800H－88FFH。

1. 实验电路及连线

实验箱 8237A 模块原理图如图 9－9 所示，其中大部分信号已连接，只需根据需求连接 RAMCS、CLK、8237CS。

连线	连接孔 1	连接孔 2
1	RAMCS	CS0
2	8237_CS	CS1
3	8237_CLK	10 MHz

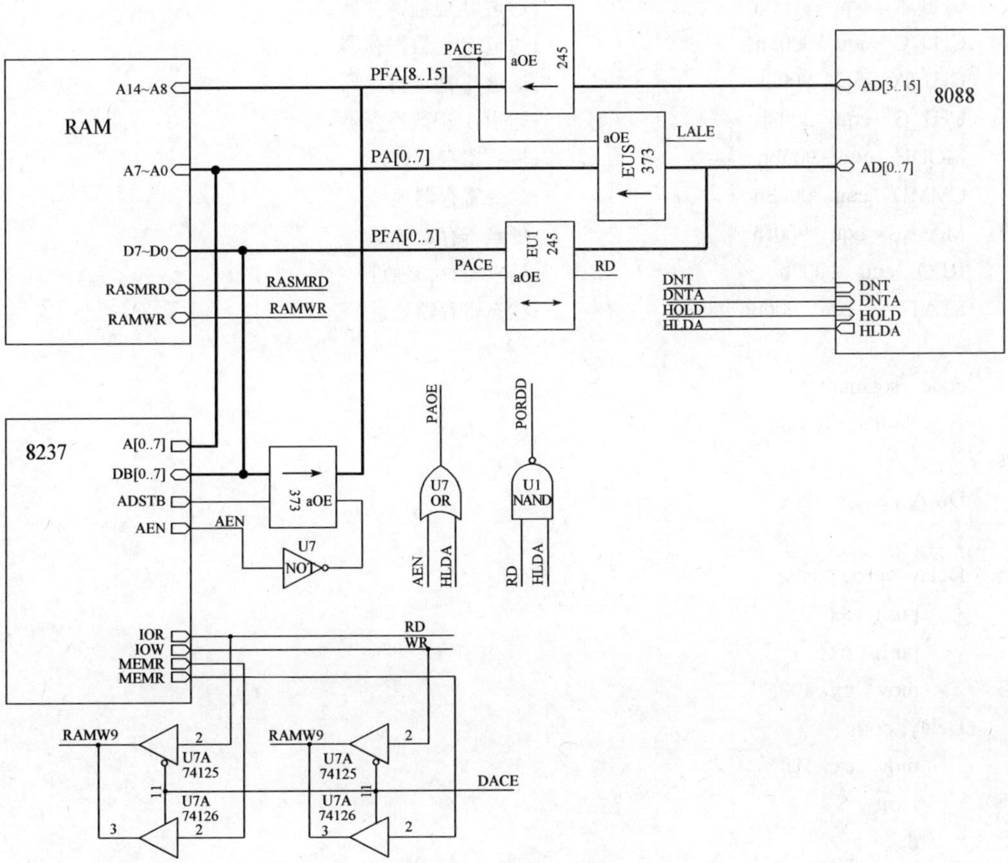

图 9-9 实验接线框图

2. Ex_37 实验参考流程图和参考代码

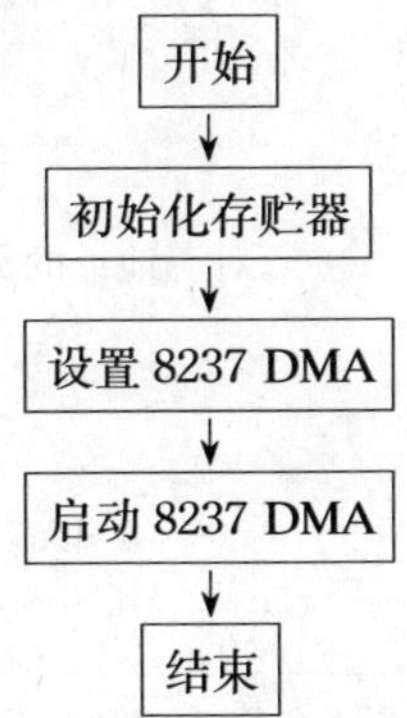

```
BlockFrom  equ  08000h              ;块开始地址
BlockTo  equ  08800h                ;块结束地址
BlockSize  equ  100h                ;块大小

LATCHB  equ  9000h                  ;latch B
CLEAR_F  equ  900ch                 ;F/L 触发器
CH0_A  equ  9000h                   ;通道 0 地址寄存器
CH0_C  equ  9001h                   ;通道 0 记数寄存器
CH1_A  equ  9002h                   ;通道 1 地址寄存器
CH1_C  equ  9003h                   ;通道 1 记数寄存器
MODE  equ  900bh                    ;模式寄存器地址
CMMD  equ  9008h                    ;命令寄存器地址
MASKS  equ  900fh                   ;屏蔽寄存器地址
REQ  equ  9009h                     ;请求寄存器地址
STATUS  equ  9008h                  ;状态寄存器地址

code  segment
    assume cs:code

DMA  equ  00h

Delay  proc  near                   ;延时程序
    push  ax
    push  cx
    mov  ax, 100
DelayLoop:
    mov  cx, 100
    loop  $
    dec  ax
    jnz  DelayLoop
    pop  cx
    pop  ax
    ret
Delay  endp

FillRAM  proc  near                 ;对源地址的数据填充,初始化
    mov  bx, BlockFrom
    mov  ax, 00h
    mov  cx, BlockSize
FillLoop:
    mov  [bx], al
```

```
        inc  al
        inc  bx
        loop  FillLoop
        ret
FillRAM endp

TranRAM  proc  near                ;储存器 DMA 传输
        mov  si, BlockFrom
        mov  di, BlockTo
        mov  cx, BlockSize

        mov  al, 0
        mov  dx, LATCHB
        out  dx, al
        mov  dx, CLEAR_F            ;软件命令,清高低位触发器
        out  dx, al

        mov  ax, si                 ;编程开始地址
        mov  dx, CH0_A
        out  dx, al
        mov  al, ah
        out  dx, al

        mov  ax, di                 ;编程结束地址
        mov  dx, CH1_A
        out  dx, al
        mov  al, ah
        out  dx, al

        mov  ax, cx                 ;编程块长度
        dec  ax                     ;调整长度
        mov  dx, CH0_C
        out  dx, al
        mov  al, ah
        out  dx, al

        mov  al, 88h                ;编程 DMA 模式
        mov  dx, MODE
        out  dx, al
        mov  al, 85h
        out  dx, al
```

```
        mov   al, 1                           ;块传输
        mov   dx, CMMD
        OUT   dx, al

        mov   al, 0eh                         ;通道 0
        mov   dx, MASKS
        out   dx, al

        mov   al, 4
        mov   dx, REQ
        out   dx, al                          ;开始 DMA 传输
        ret
        TranRAM endp

Start   proc   near

        mov   ax, 0
        mov   ds, ax
        mov   es, ax

        call   FillRAM

        call   TranRAM

        jmp    $                              ;打开数据窗口,检查传输结果

Start   endp
        code ends
        end   Start
```

第十章 通用定时器实验

定时在计算机系统的应用中具有极为重要的作用。例如，微机控制系统中常需要定时检测被控对象的状态、定时修改调节控制作用等。多用户、多任务计算机系统中，任务和进程调度都需要定时器的配合。IBM PC 机中的日期、时钟、DRAM 的刷新、扬声器的声调控制等，也都需要采用定时技术。

微机系统中实现定时功能主要有三种方法：软件延时、不可编程的硬件定时器和可编程的硬件定时器电路。本实验采用的是可编程的硬件定时器电路。

Intel 公司的 8253 和 8254 等是常见的可编程定时器芯片其内部结构图和引脚图如图 10－1、图 10－2 所示。定时器和计数器是同一种元件。当对时钟输入信号计数，输出准确的时间间隔信号，这种工作方式称为定时器。如果计数电路用来计数随机性的脉冲信号，则称为计数器。实现的两种功能技术完全相同。

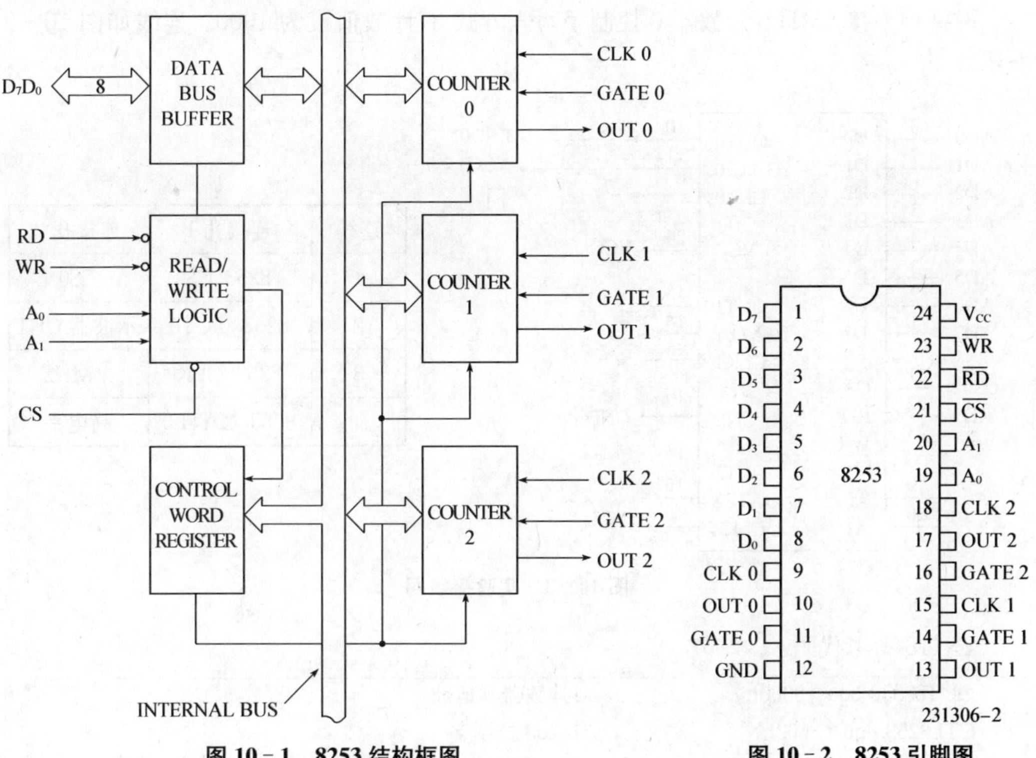

图 10－1　8253 结构框图

图 10－2　8253 引脚图

实验 18　基本定时器实验——输出频率方波

一、实验目的

1. 理解 8253 的初始化和计数值设置
2. 了解 8253 的内部结构和工作原理
3. 掌握使用 8253 产生不同频率方波的程序编写和硬件连线
4. 掌握 8253 的不同工作方式

二、实验内容

连接实验箱上的定时器芯片 8253 与频率时钟源，选择合适的工作方式，并根据硬件连接分配地址，编制程序，实现任意频率的方波输出。

三、实验步骤

有两种方法可实现方波输出：

(1) 8253 选择方式 2，计数值设为 2。

(2) 8253 选择方式 3，计数值设为任意偶数。

本处采用第二种。

时钟频率接 1MHz，计数器 0 控制字写入方式 3，计数值设为 1000。连线如图 10－3 所示。

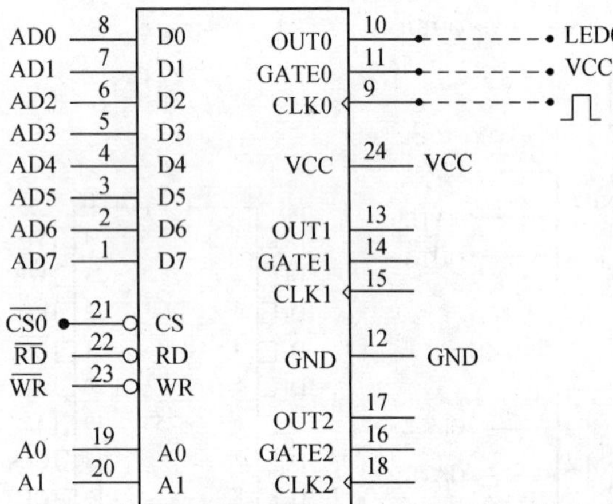

连线	连接孔 1	连接孔 2
1	8253_CS	CS0
2	8253_OUT0	示波器 CH1
3	8253_CLK	1 MHz
4	8253_GATE0	高电平

图 10－3　实验接线图

Ex_18 参考代码：

```
OUT82530 equ  8000h                ;计数器 0 地址
CTL8253 equ  8003h                 ;8253 控制字
mode0 equ  36h                     ;计数器 0 工作方式
```

```
data  segment
data  ends
code  segment
    assume cs:code, ds: data
start:
    mov  dx,CTL8253
    mov  ax,mode0
    out  dx,ax
    mov  dx,OUT82530
    mov  ax,1000
    out  dx,al
    mov  al,ah
    out  dx,al                    ;写入计数值
    mov  ax, data
    mov  ds, ax
start  endp
code  ends
    end start
```

实验 19 简单计数器实验——计数单脉冲,显示在 LED 数码管上

一、实验目的

1. 理解 8253 的初始化和计数值设置
2. 了解 8253 的内部结构和工作原理
3. 掌握使用 8253 和 8259 配合作为计数器的程序编写和硬件连线
4. 掌握 8253 的不同工作方式

二、实验内容

将实验系统的频率发生器 IRO 当成输入信号,作为定时器 T0 输入,实现秒脉冲发生器,秒脉冲信号接 8259A INT0。用发光二极管二进制方式显示秒计数。

三、实验步骤

使用 8253 产生秒脉冲信号,OUT 接 8259 的中断申请 IR,在中断服务程序里修改计数值,通过 8255 输出到 LED 灯显示。

接线图如图 10 - 4 所示。

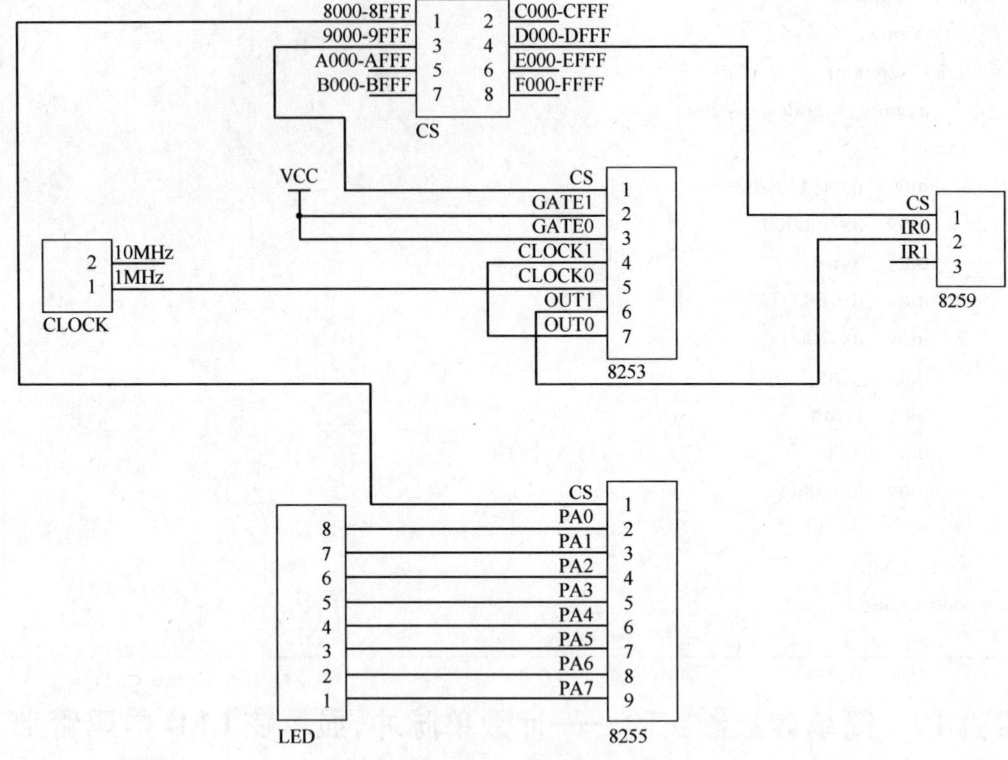

图 10-4　Ex_19 接线示意图

Ex_19 参考代码：

```
mode    equ   82h                    ;8255 工作方式
PA8255    equ   8000h                ;8255 PA 口输出地址
CTL8255    equ   8003h
OUT82530    equ   9000h              ;计数器 0 地址
OUT82531    equ   9001h              ;计数器 1 地址
CTL8253    equ   9003h               ;8253 控制字
mode0    equ   36h                   ;计数器 0 工作方式
mode1    equ   76h                   ;计数器 1 工作方式

ICW1    equ   00010011b              ;单片 8259，上升沿中断，要写 ICW4
ICW2    equ   00100000b              ;中断号为 20H
ICW4    equ   00000001b              ;工作在 8086/88 方式
OCW1    equ   11111110b              ;只响应 IR0 中断
CS8259A    equ   0d000h              ;8259 地址
CS8259B    equ   0d001h

data   segment
CNT        db      0
```

```
data   ends

code   segment
    assume cs:code, ds: data

IEnter   proc   near
    push   ax
    push   dx

    mov   dx, PA8255
    inc   CNT
    mov   al, CNT
    out   dx, al                        ;输出计数值

    mov   dx, CS8259A
    mov   al, 20h                       ;中断服务程序结束指令
    out   dx, al

    pop   dx
    pop   ax
    iret
IEnter endp

IInit   proc
    mov   dx, CS8259A
    mov   al, ICW1
    out   dx, al

    mov   dx, CS8259B
    mov   al, ICW2
    out   dx, al

    mov   al, ICW4
    out   dx, al

    mov   al, OCW1
    out   dx, al
    ret
IInit   endp

start   proc   near
    mov   dx, CTL8255
```

```
mov   al, mode
out   dx, al

cli
mov   ax, 0
mov   ds, ax

mov   bx, 4 * ICW2                  ;中断号

mov   ax, code
shl   ax, 1
shl   ax, 1
shl   ax, 1
shl   ax, 1                         ;x 16
add   ax, offset IEnter             ;中断入口地址(段地址为 0)
mov   [bx], ax

mov   ax, 0
inc   bx
inc   bx
mov   [bx], ax                      ;代码段地址为 0

call   IInit

mov   dx,CTL8253
mov   ax,mode0
out   dx,ax

mov   dx,CTL8253
mov   ax,mode1
out   dx,ax

mov   dx,OUT82530
mov   ax,1000
out   dx,al
mov   al,ah
out   dx,al
mov   dx,OUT82531
mov   ax,1000
out   dx,al
mov   al,ah
out   dx,al
;写入计数值
```

```
        mov   ax, data
        mov   ds, ax
        mov   CNT, 0                    ;计数值初始为 0
        mov   al, CNT
        mov   dx, PA8255
        out   dx, al
        sti
LP:                                     ;等待中断,并计数
        nop
        jmp   LP
start   endp

code    ends
        end start
```

习　题

1. 利用 8253 的 PWM 调制实现呼吸灯

PWM 原理介绍:PWM 为脉宽调制的简写,其基本原理是一个频率固定,而占空比可变的周期信号。这种信号在控制系统中具有广泛的用途,如 D/A 变换、电机调速控制等。

如图 10－5 设置定时器 1 工作于方式 2,定时器 0 工作于方式 1。定时器 1 确定 PWM 信号的频率,定时器 0 确定 PWM 信号的占空比,具体程序自行编制。

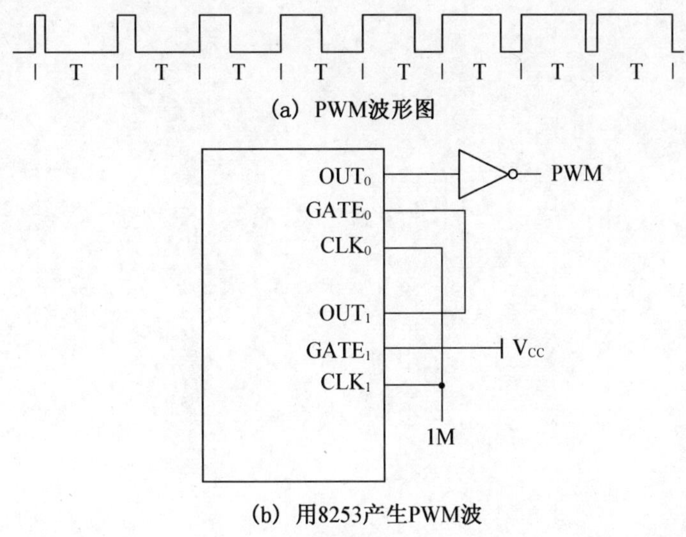

(a) PWM波形图

(b) 用8253产生PWM波

图 10－5

实验内容:通过 PWM 产生不同高低的电压,如图 10－6 所示,实现呼吸灯。输出电压=(接通时间/脉冲时间)×最大电压值。

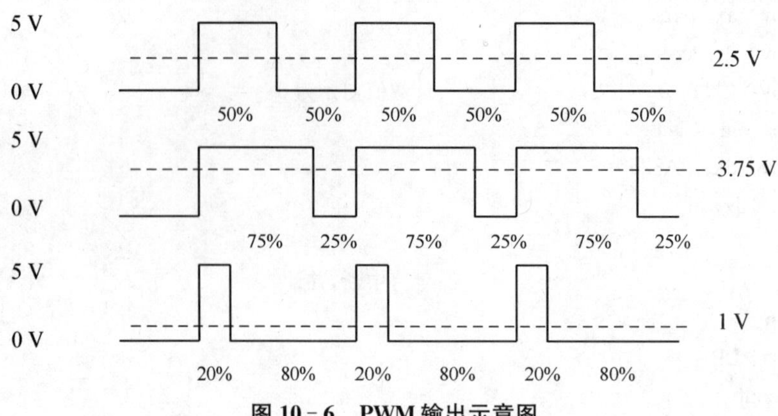

图 10－6　PWM 输出示意图

2. 8253 产生 SPWM 正弦波

SPWM 原理介绍：SPWM 就是在 PWM 的基础上改变了调制脉冲方式，脉冲宽度时间占空比按正弦规率排列，这样输出波形经过适当的滤波可以做到正弦波输出。

实验内容：通过 8253 进行 PWM 调制，设置合适的占空比，实现 8253 产生 SPWM 正弦波。

3. 电子琴实验

用 8253 做定时器输出音频信号，控制喇叭发出声音。利用定时器，可以发出不同频率的脉冲，不同频率的脉冲经喇叭驱动电路放大滤波后，就会发出不同的音调。

实验内容：编制程序，实现电子琴七或八个音调的发声。可选择软件设置自动发声，也可拓展接键盘，手动输入发声。

第十一章 串行通信实验

第八章介绍了数据的并行传送模式。在并行传输时，采用通信线较多，传输距离短，基本上用于系统内部数据传输或短距离外部设备之间的通信。本章介绍串行传输模式，串行通信采用的通信线少，相对通信速度慢，但通信距离长，经常用于远距离系统之间的通信。采用串行通信时，要求收发双方必须遵守相同的通信约定。根据在接收方获取同步信号的方法不同，串行通信又分为串行异步通信和串行同步通信。

Intel8251A 是一种通用的可编程同步/异步接收/发送器芯片，能够以单工、半双工或全双工模式进行通信。其结构框图和引脚图如图 11－1、图 11－2 所示。在同步模式下，8251A 可以按 5～8 位形式传送字符；可以选择奇校检或偶校检，也可选择无校检；支持内同步模式和外同步模式；能自动插入同步字符等。在异步通信模式下，8251A 同样可以按 5～8 位形式传送字符，选择校检模式，设置波特率系数及停止位的位数等。

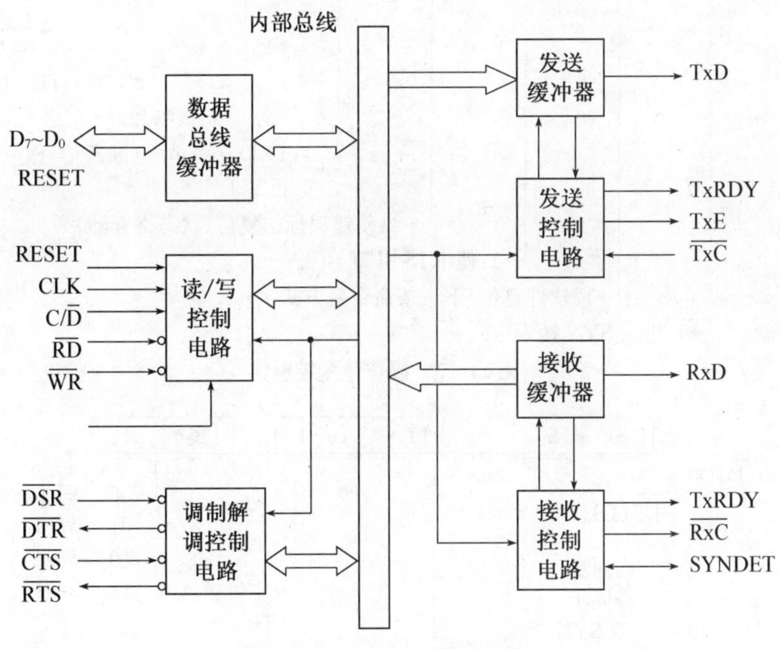

图 11－1　8251A 内部结构图

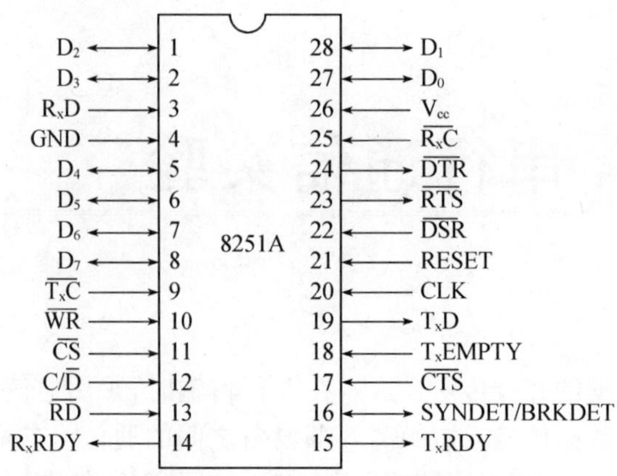

图 11-2 8251A 引脚图

在传送开始之前，需先对 8251A 的工作模式控制字和操作命令控制字进行编程初始化，工作模式控制字和操作命令控制字均在同一个地址写入，参见图 11-3、图 11-4，并参考示例程序。先写工作模式控制字，之后 8251A 一直处在写操作命令控制字状态，可通过将操作命令控制字的 D6 位置 1，回到写工作模式控制字状态。

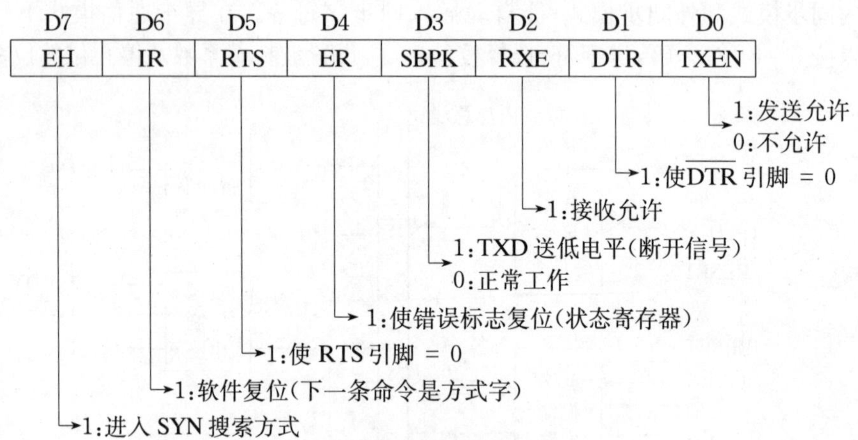

图 11-3 操作命令控制字

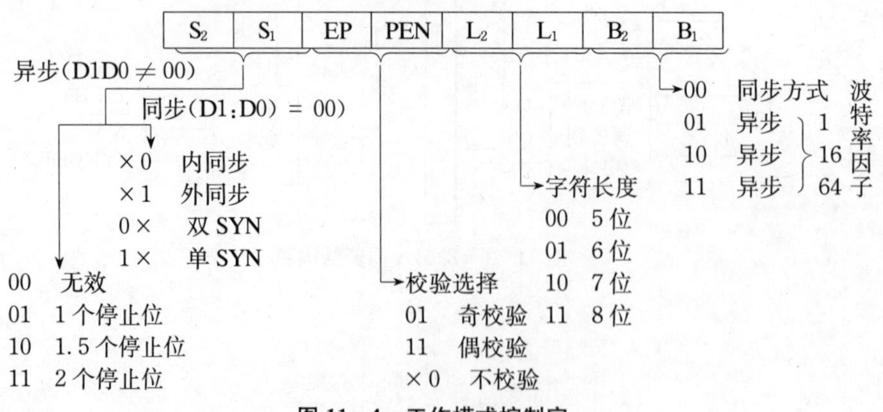

图 11-4 工作模式控制字

实验 20　8251A 简单串行通信实验

一、实验目的

1. 掌握 8251A 实行串行口通信的方法
2. 了解实现串行通信的硬件环境、数据格式的协议、数据交换的协议
3. 学习串行口通信程序的编写方法

二、实验内容

通过编程利用 8251A 实现简单的串行异步通信，设置为 8 位数据位、1 位停止位、无校检位。通过查询的方式读写状态和输入输出串行数据。实验时将本机的 TxD 和 RxD 连接，可在一台实验箱上实现串行通信实验。

三、实验步骤

1. 实验电路及连线（如图 11－5）

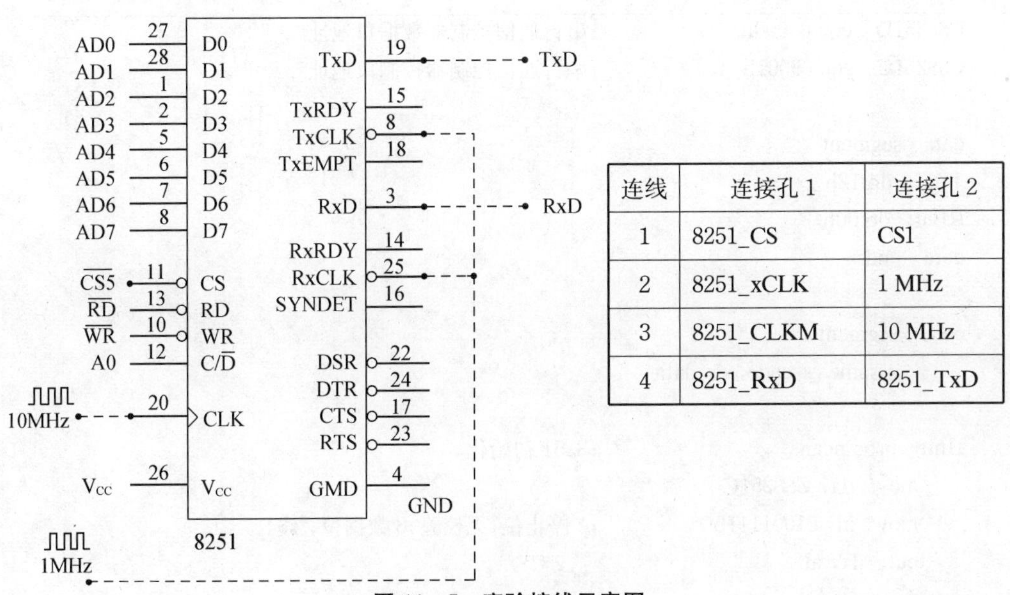

连线	连接孔 1	连接孔 2
1	8251_CS	CS1
2	8251_xCLK	1 MHz
3	8251_CLKM	10 MHz
4	8251_RxD	8251_TxD

图 11－5　实验接线示意图

首先设置 8251A 的工作模式控制字，然后设置 8251A 的操作命令控制字。先发送一个字的数据，然后一直处于检测循环状态，若检测到接收器就绪信号则读入数据。

2. Ex_20 实验流程图和参考代码

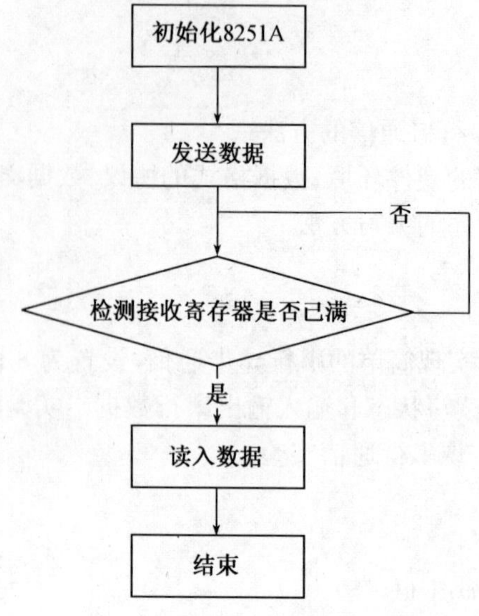


```
CS8251D   equ 09000h                  ;串行通信控制器数据口地址
CS8251C   equ 09001h                  ;串行通信控制器控制口地址

data   segment
TBuf   db 12h
RBuf   db 00h
data   ends

code   segment
       assume cs:code, ds:data

IInit  proc near                      ;8251 初始化
     mov   dx, CS8251C
     mov   al, 01001111b              ;1 停止位,无校验,8 数据位, x64
     out   dx, al

     mov   al, 00010101b              ;清出错标志, 允许发送接收
     out   dx, al
     ret
IInit  endp

Send   proc near                      ;串口发送
     mov   dx, CS8251C
```

```
        mov   al, 00010101b              ;清出错,允许发送接收
        out   dx, al
WaitTXD:
        in    al, dx
        test  al, 1                      ;发送缓冲是否为空
        jz    WaitTXD
        mov   al, TBuf                   ;取要发送的字
        mov   dx, CS8251D
        out   dx, al                     ;发送
        push  cx
        mov   cx,0ffffh
        loop  $
        pop   cx
        ret
Send   endp

Receive proc near                        ;串口接收
        mov   dx, CS8251C
WaitRXD:
        in   al, dx
        test  al, 2                      ;是否已收到一个字
        je   WaitRXD
        mov   dx, CS8251D
        in   al, dx                      ;读入
        mov   RBuf, al
        ret
Receive endp

start   proc   near
        mov   ax, data
        mov   ds, ax

        call   IInit
        call   Send
MLoop:
        mov   dx, CS8251C
        in    al, dx                     ;是否接收到一个字
        test   al, 2
        jnz   RcvData
        je   MLoop                       ;无接收,继续查询
```

```
RcvData:
     call  Receive                        ;读入接收到的字
     mov   al, RBuf
     jmp   $
Start  endp
code   ends
     end start
```

习 题

1. 双机通信实验

编制串行口通信程序:用 8253 通道 0 作为波特率发生器,实验箱板载 4M 频率作为 8251 工作时钟,以波特率 300 bps 实现双机数据通信。

2. 简单通信协议编制

单片机在实现数据串行通信时,发送需要将一组相关的数据组成多个数据包进行发送,接收需要将多个数据包解读成相关的一组数据。简单地说,通信协议就是制定报文头、报文尾、报文与数据转换的方式,下面介绍一种根据 Internet 的 SLIP 协议做出的修改方法(见参考文献[12])。

发送方:

(1) 取一个关键字 55h,一个报文的传输以 55h 为引导,中间可以有任意多的字节数,倒数第二个是 crc 校检码,最后以 55h 结束一个报文,关键字 55h 不参与 crc 校检。

(2) 如果传输的原始数据中含有 55h,则将其转换成 0aah + 5ah,但 crc 校验时仍按一个 55h 进行运算。

(3) 如果传输的原始数据中含有 0aah,则将其转换成 0aah + 0a5h,但 crc 校验时仍按一个 0aah 进行运算。

(4) 其余数据按原样发送。

例如发送数据如果是 55h,5ah,0aah,0a5h,15h,12h,71h,99h,则发送的报文应为 55h,0aah,5ah,5ah,0aah,0a5h,0a5h,15h,12h,71h,99h,70h,55h。

接收方:

(1) 接收报文并判断是否为 55h,接收到第一个 55h 时,则开始接收并保存,直到接收到第二个 55h 时停止接收,否则丢弃并继续判断下一个接收到的报文字节。

(2) 依次读入接收报文队列,去掉报文头以及报文尾,判断接收报文是否为 0aah,如果不是,则直接进行数据解读。

(3) 如果读到 0aah,则继续读下一个数据;若是 5ah,则替换回原始数据 55h;若是 a5h,则替换回原始数据 0aah;若都不是,则传输数据出错。

(4) 将解读的数据进行 crc 校检运算,将求得的校检码与收到的校检码比较,若不同,则传输数据出错。

3. 实验内容

编写程序利用 8251A 的异步传输模式进行双机通信。分别编写发送和接收程序，实验时借助相邻的实验箱完成实验，一台发送，另一台接收。

要求：

(1) 给出发送的数据，发送方完成报文转换并发送。

(2) 接收方接收到报文后，将报文转换成数据并判断是否出错。设置一错误标志，出错则错误标志置 1，并清空接收的报文和数据。

(3) crc 校检多项式为 110101，求得的校验码存放在一个字节的前 5 位，该字节后 3 位置 0。

第十二章 数模/模数转换实验

所谓数模(D/A)和模数(A/D)变换是指模拟量与数字量之间的转换过程,它是计算机系统很重要的一种接口电路,在现代计算机检测和控制系统中有广泛的应用。图 12-1 所示的是典型的计算机控制系统结构。在工业生产过程中,为了稳定生产,必须对生产过程的压力、流量、速度、温度等进行检测和控制。它们都是非电类的物理量,并且它们都具有连续性的特点。若要用计算机进行检测和控制,必须先用各种传感器,将这些非电类物理量转换成电量信号,再经过标准化调理后(滤波、放大、整形),成为统一规格的电信号。这样的电信号(可以是电压,也可以是电流)称为模拟信号。模拟信号再通过模数转换电路,转换成数字信号才能被数字计算机所接受和处理,这个过程称为模数转换。而计算机处理后的结果仍是数字信号,同样不能直接作用于控制对象上,必须再转化为模拟信号,才能施加到控制对象上。数字信号转化为模拟信号的过程称为数模转换。

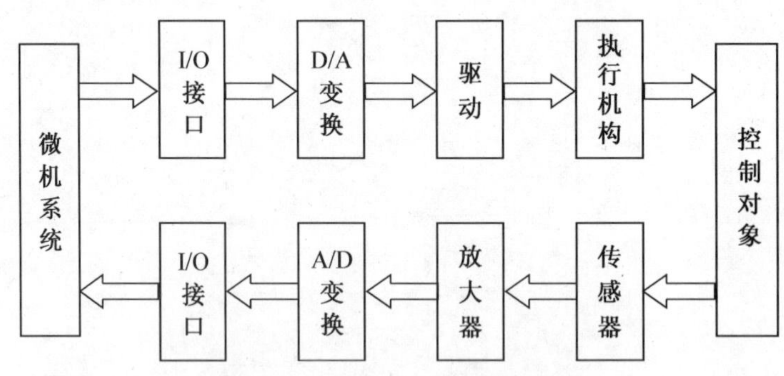

图 12-1　微控制系统信号交换图

实验 21　基本模数转换实验——ADC0809

一、实验目的

1. 掌握 A/D 转换芯片与单片机的连接的方法
2. 了解 A/D 芯片 ADC0809 转换性能及编程
3. 通过实验了解单片机进行数据采集的流程与特点

二、实验内容

使用 ADC0809 将电位器的电压输出转换为数字量,从 8255 PA 口输出。

三、实验步骤

1. 按图 12－2 连线，编制程序启动 ADC0809 进行模数转换

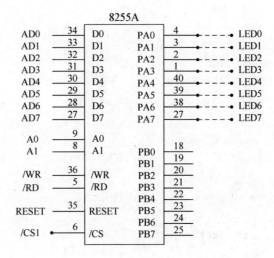

连线	连接孔 1	连接孔 2
1	INO	电位器输出
2	AD_CS	$\overline{CS0}$
3	E0C	INT0
4	8255_CS	$\overline{CS1}$
5	PA0	L0
6	PA1	L1
7	PA2	L2
8	PA3	L3
9	PA4	L4
10	PA5	L5
11	PA6	L6
12	PA7	L7

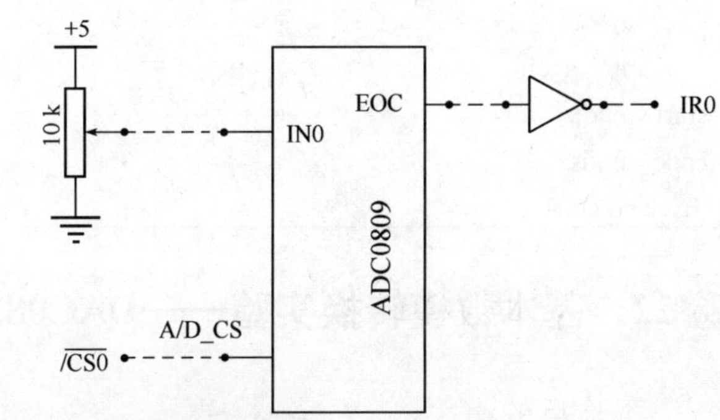

图 12－2　实验接线示意图

2. Ex_21 参考代码

```
mode   equ 082h
PA   equ 09000h
CTL   equ 09003h
CS0809   equ 08000h

code   segment
       assume cs:code

start   proc   near
       mov   ax, 1234h
       mov   bx, 5678h
       add   ax, bx
       mov   bx, 400h
```

```
      mov  [bx], ax

      mov  al, mode
      mov  dx, CTL
      out  dx, al
again:
      mov  al, 0
      mov  dx, CS0809
      out  dx, al              ;起动 A/D

      mov  cx, 40h
      loop  $                  ;延时 > 100us

      in   al, dx              ;读入结果

      mov  dx, PA
      out  dx, al

      jmp  again
start  endp
code  ends
      end start
```

实验 22　基本数模转换实验——DAC0832

一、实验目的

1. 了解 D/A 转换的基本原理
2. 了解 D/A 转换芯片 0832 的性能及编程方法
3. 了解单片机系统中扩展 D/A 转换的基本方法

二、实验内容

编程使 DAC0832 产生 -5 V、0 和 5 V 的模拟信号电压输出。

三、实验步骤

1. 按图 12 - 3 连线，其中 DAC0832 的外围设电路如图 12 - 3 所示，编程启动 DAC0832 进行数模转换

连线	连接孔 1	连接孔 2
1	DA_CS	CS2
2	－5V－＋5V	电压表

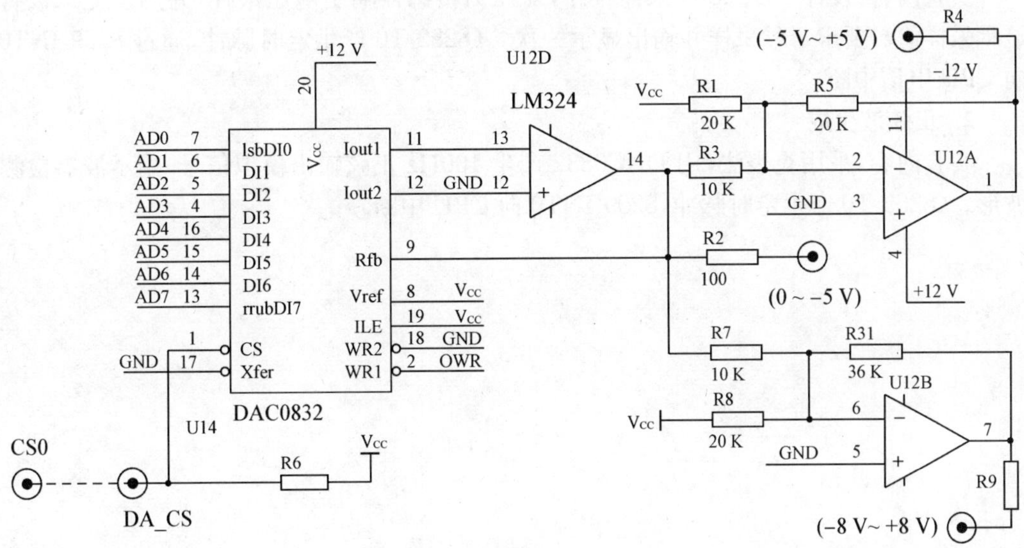

图 12－3

用电压表或示波器探头接－5 V～＋5 V 输出，观察显示电压或波形。

2. Ex_22 参考代码

```
CS0832  equ  0a000h
code  segment
    assume cs:code
start  proc  near
    mov  al, 0
    mov  dx, CS0832
    out  dx, al
    mov  al, 80h
    out  dx, al
    mov  al, 0ffh
    out  dx, al
    jmp  $
start  endp
code  ends
    end start
```

习　题

1. 压力传感器检测

实验内容：设计 ADC0809 采样程序，对压力传感器输出电压采样，并用发光二极管显示采样值。要求每秒采样并输出显示一次。（8253 T0 产生定时脉冲，通过 8259 INT0 向 CPU 申请中断）

2. 正弦波生成

实验内容：采用查表法，用 DAC0832 产生 100Hz 正弦输出模拟信号，用示波器检测波形。（8253 T0 产生定时脉冲，8259 INT0 向 CPU 中断）

第十三章 电子时钟实验

电子时钟亦称数显钟(数字显示钟),是一种用数字电路技术实现时、分、秒计时的装置,与机械时钟相比,直观性为其主要显著特点,且因非机械驱动,具有更长的使用寿命,相较石英钟的石英机芯驱动,更具准确性。电子钟已成为人们日常生活中必不可少的必需品,广泛用于个人家庭以及车站、码头、剧院、办公室等公共场所,给人们的生活、学习、工作、娱乐带来极大的方便。

利用单片机 CPU 的定时器和实验箱上的数码显示电路设计一个电子时钟,显示格式为 XX XX XX,从左往右依次为时、分、秒。

可利用定时器实现分频得到秒信号,必要时可用双定时器,在中断程序里设置时间增长和进位变化,最后送 LED 缓冲区显示。

程序流程图如图 13-1 所示。

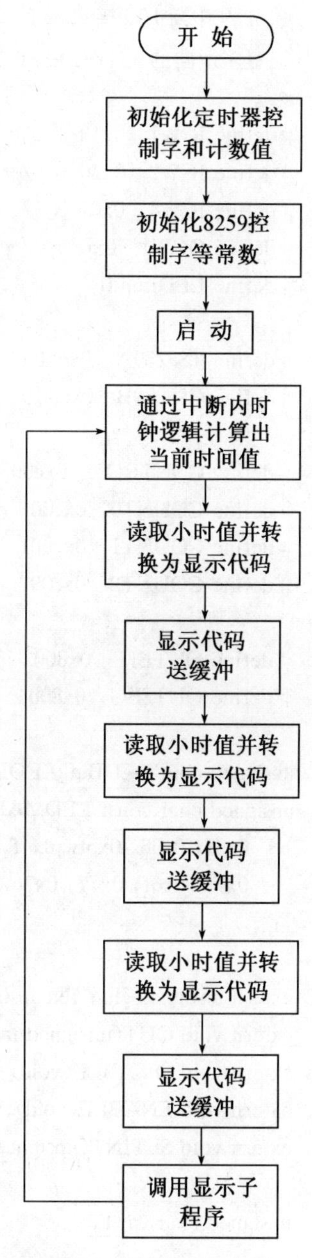

图 13-1 程序流程图

示例代码(在 Lab6000 实验箱中,使用 C 语言实现):

```
/*
 *;本实验利用 8253 做定时器,定时器输出的脉冲通过 8259A 向 CPU 申请中断
 *;在 8259 的中断处理程序中,对时、分、秒进行计数,在等待中断的循环中用 LED 显示时间
 *;8253 用定时器/计数器 1 和 0,8253 片选接CS4,地址为 0C000H;8253 定时器/计数器 0 和 1 都用来分频
 *;8253 的 GATE1 和 GATE0 接 VCC
 *;8259 中断 IR0 接 8253 的 OUT1,片选接CS5,地址为 0D000H
 *;显示电路的 KEY/LED CS 接CS0,地址为 08000H
 */
#define ICW1   0x13      /* 单片 8259,上升沿中断,要写 ICW4   */
#define ICW2   0x20      /* 中断号为 20H */
#define ICW4   0x01      /* 工作在 8086/88 方式 */
#define OCW1   0xfe      /* 只响应 INT0 中断 */
#define LEDLen 6

#define CS8259A   0xd000
#define CS8259B   0xd001

#define CONTROL   0xc003
#define COUNT0   0xc000
#define COUNT1   0xc001
#define COUNT2   0xc002

#define OUTBIT   0x8002
#define OUTSEG   0x8004

unsigned char LEDBuf[LEDLen];           /* 显示缓冲   */
unsigned char const LEDMAP[] = { /* 八段管显示码 */
    0x3f, 0x06, 0x5b, 0x4f, 0x66, 0x6d, 0x7d, 0x07,
    0x7f, 0x6f, 0x77, 0x7c, 0x39, 0x5e, 0x79, 0x71
};

extern unsigned char IN(unsigned int port);
extern void OUT(unsigned int port, unsigned char v);
extern void DISABLE(void);
extern void ENABLE(void);
extern void SETINT(unsigned char NO, unsigned int *ENTER);

unsigned char CNT;
```

```
unsigned char Hour，Minute，Second；

void Delay(unsigned char CNT)
{
    unsigned char i；

    while (CNT-- ! =0)
        for (i=100;i ! =0;i--)；
}

void DisplayLED()
{
    unsigned char i，j，k；
    unsigned char Pos；
    unsigned char LED；

    Pos = 0x20；                    /* 从左边开始显示 */
    for (i = 0;i < LEDLen;i++) {
        OUT(OUTBIT,0)；             /* 关所有八段管 */
        LED = LEDBuf[i]；
        OUT(OUTSEG,LED)；           /* 输出 LED 段码 */
        OUT(OUTBIT，Pos)；          /* 显示一位八段管 */
        Delay(1)；
        Pos >>= 1；                 /* 显示下一位 */
    }
}

interrupt IEnter()
{
    Second++；
    if (Second == 60) {
        Second = 0；
        Minute++；
        if (Minute == 60) {
            Minute = 0；
            Hour++；
            if (Hour == 24) Hour = 0；
        }
    }；
    OUT(CS8259A，0x20)；            /* 中断服务程序结束指令 */
}
```

```
void IInit()
{
    OUT(CS8259A, ICW1);
    OUT(CS8259B, ICW2);
    OUT(CS8259B, ICW4);
    OUT(CS8259B, OCW1);
}

void main()
{

    OUT(CONTROL, 0x76);            /* 计数器1,16位,方式3,二进制 */
    OUT(CONTROL, 0x36);            /* 计数器0,16位,方式3,二进制 */
    OUT(COUNT0, 2000 % 256);       /* 计数器0低字节 */
    OUT(COUNT0, 2000 / 256);       /* 计数器0高字节 */
    OUT(COUNT1, 500 % 256);        /* 计数器1低字节 */
    OUT(COUNT1, 500 / 256);        /* 计数器1高字节 */

    Hour   = 0;
    Minute = 0;
    Second = 0;
    DISABLE();                     /* 关闭中断响应 */

    IInit();
    SETINT(ICW2, &IEnter);/* 中断入口地址 */
    CNT = 0;

    ENABLE();                      /* 打开中断响应 */

    while (1) {
        LEDBuf[0] = LEDMAP[Hour/10];
        LEDBuf[1] = LEDMAP[Hour%10] | 0x80;
        LEDBuf[2] = LEDMAP[Minute/10];
        LEDBuf[3] = LEDMAP[Minute%10] | 0x80;
        LEDBuf[4] = LEDMAP[Second/10];
        LEDBuf[5] = LEDMAP[Second%10];

        DisplayLED();
    }
}
```

第十四章 电子计算器实验

现代的电子计算器是能进行数学运算的手持电子机器，拥有集成电路芯片，结构比电脑简单得多，可以说是第一代的电子计算机(电脑)，且功能也较弱，但较为方便与廉价，可广泛运用于商业交易中，是必备的办公用品之一。

计算器一般由运算器、控制器、存储器、键盘、显示器、电源和一些可选外围设备及电子配件，通过人工或机器设备组成。为节省电能，计算器都采用 CMOS 工艺制作的大规模集成电路。

本实验利用实验箱上的键盘和 LED 显示屏做一个简单的计算器，能够完成加减乘除运算。用键盘上的 A、B、C、D 键作"加、减、乘、除"，E 键作"="，F 键作"清零"。本实验的程序流程图如图 14－1 所示，示例代码附后。

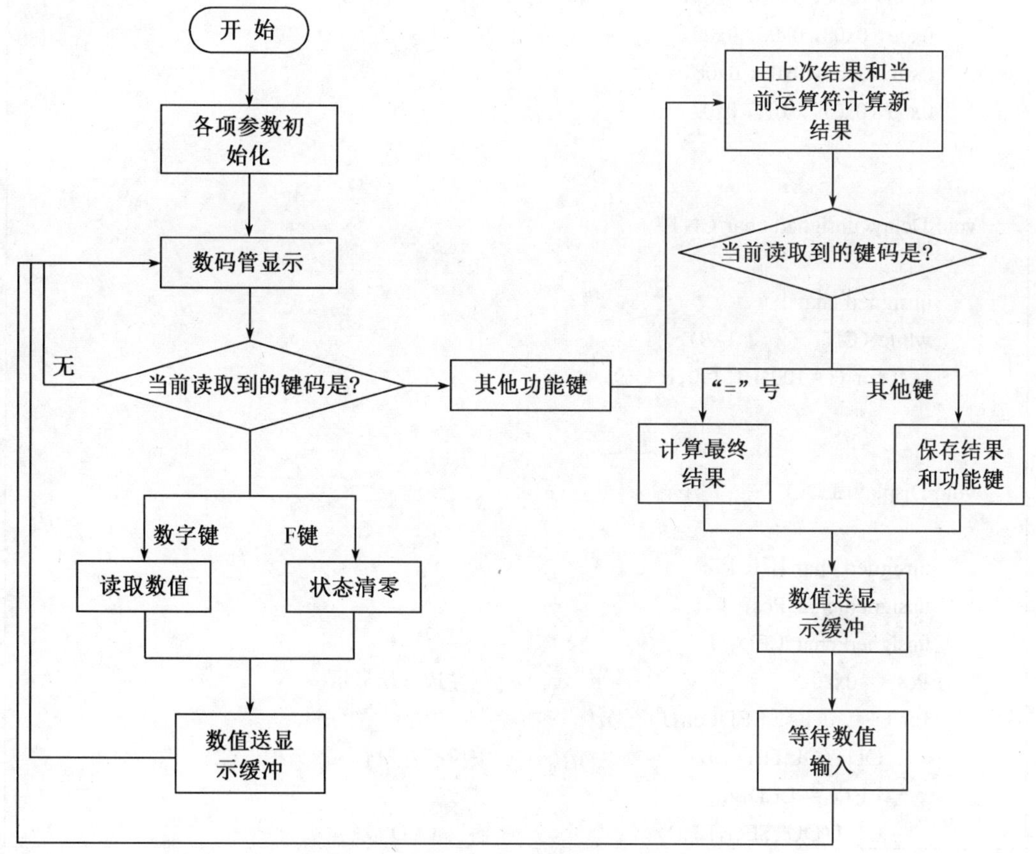

图 14－1 程序流程图

示例代码(在 Lab6000 实验箱中,使用 c 语言实现):

```
#define LEDLen 6
#define IN_KEY 0xf001
#define OUTBIT 0xf002
#define OUTSEG 0xf004

extern unsigned char IN(unsigned int port);
extern void OUT(unsigned int port, unsigned char v);

unsigned char LEDBuf[LEDLen];              /* 显示缓冲 */
unsigned char const LEDMAP[] = {           /* 八段管显示码 */
    0x3f, 0x06, 0x5b, 0x4f, 0x66, 0x6d, 0x7d, 0x07,
    0x7f, 0x6f, 0x77, 0x7c, 0x39, 0x5e, 0x79, 0x71
};

unsigned char const KeyTable[] = {         /* 键码定义 */
    0x16, 0x15, 0x14, 0xff,
    0x13, 0x12, 0x11, 0x10,
    0x0d, 0x0c, 0x0b, 0x0a,
    0x0e, 0x03, 0x06, 0x09,
    0x0f, 0x02, 0x05, 0x08,
    0x00, 0x01, 0x04, 0x07
};

void Delay(unsigned char CNT)
{
    unsigned char i;
    while (CNT-- != 0)
        for (i=100;i != 0;i--);
}

void DisplayLED()
{
    unsigned char i, j, k;
    unsigned char Pos;
    unsigned char LED;
    Pos = 0x20;                            /* 从左边开始显示 */
    for (i = 0;i < LEDLen;i++) {
        OUT(OUTBIT,0);                     /* 关所有八段管 */
        LED = LEDBuf[i];
        OUT(OUTSEG,LED);                   /* 输出 LED 段码 */
```

```
        OUT(OUTBIT, Pos);             /* 显示一位八段管 */
        Delay(1);
        Pos >>= 1;                    /* 显示下一位     */
    }
}

unsigned char TestKey()
{
    OUT(OUTBIT, 0);                   /* 输出线置为 0 */
    return (~IN(IN_KEY) & 0x0f);      /* 读入键状态（高四位不用）*/
}

unsigned char GetKey()
{
    unsigned char Pos;
    unsigned char i;
    unsigned char j;
    unsigned char k;

    i = 6;
    Pos = 0x20;                       /* 找出键所在列 */
    do {
        OUT(OUTBIT, ~ Pos);
        Pos >>= 1;
        k = ~IN(IN_KEY) & 0x0f;
    } while ((--i != 0) && (k == 0));

    /* 键值 = 列 × 4 + 行 */
    if (k != 0) {
        i *= 4;
        if (k & 2)
            i += 1;
        else if (k & 4)
            i += 2;
        else if (k & 8)
            i += 3;
        OUT(OUTBIT, 0);
        do Delay(10); while (TestKey());  /* 等键释放 */

        return(KeyTable[i]);  /* 取出键码 */
    } else return(0xff);
```

```
}
/* ====================================== */

#define ADD 0x0a
#define SUB 0x0b
#define MUL 0x0c
#define DIV 0x0d
#define EQU 0x0e
#define CLR 0x0f

void DisplayResult(signed int Result)
{
    unsigned char i;

    if (Result >= 0) {
        LEDBuf[0] = 0;
    } else {
        LEDBuf[0] = 0x40;
        Result = - Result;
    }
    LEDBuf[1] = 0;
    LEDBuf[2] = 0;
    LEDBuf[3] = 0;
    LEDBuf[4] = 0;
    LEDBuf[5] = LEDMAP[Result % 10];Result = Result / 10;
    i = 4;
    while (Result != 0) {
        LEDBuf[i--] = LEDMAP[Result % 10];Result = Result / 10;
    }
}

void main()
{
    signed int Last, Result;
    unsigned char OP;
    unsigned char Key;

    Last = 0;
    Result = 0;
    OP = ADD;
    DisplayResult(Result);
```

```
        while (1) {
            while (! TestKey()) DisplayLED();
            Key = GetKey();
            if ((Key >= 0) && (Key <= 9)) {
                Result = Result * 10 + Key;
                DisplayResult(Result);
            } else if (Key == CLR) {
                Last = 0;
                Result = 0;
                OP = ADD;
                DisplayResult(Result);
            } else if ((Key == ADD) || (Key == SUB) || (Key == MUL) || (Key == DIV) ||
(Key == EQU)) {
                if (OP == ADD)
                    Result = Last + Result;
                else if (OP == SUB)
                    Result = Last - Result;
                else if (OP == MUL)
                    Result = Last * Result;
                else if (OP == DIV)
                    Result = Last / Result;
                if (Key == EQU) {
                    Last = 0;
                    OP = ADD;
                } else {
                    Last = Result;
                    OP = Key;
                }
                DisplayResult(Result);
                Result = 0;
            }
        }
    }
```

第十五章 模拟交通灯实验

交通灯是生活中常见的交通指挥设备，由红绿黄三种颜色组成，分别表示禁止通行、通行和注意如图 15－1 所示。

本实验利用单片机、接口芯片、数码显示管和 LED 灯做一个简单的交通灯。

针对十字路口，进行南北和东西直行情况下的交通灯控制。首先东西方向红灯亮，南北方向绿灯亮，倒数 12 秒，到最后 3 秒时南北方向绿灯灭，黄灯亮起；然后南北方向红灯亮，东西方向绿灯亮，倒数 12 秒，到最后 3 秒时东西方向绿灯灭，黄灯亮起，一个循环完成。循环往复地执行这个过程，并将倒计时的秒数实时地在数码管上显示出来。

图 15－1　十字路口交通灯示意图

理论上需要 3 种颜色×4 个路口＝12 枚 LED，若实验箱中实现时，考虑对向交通灯的指示逻辑是一致的，可简化为 6 个。建议使用的接口芯片有 8259、8253、8255 以及八段数码管。

本实验的参考程序流程图（如图 15－2）和参考代码如下：

参考程序流程图

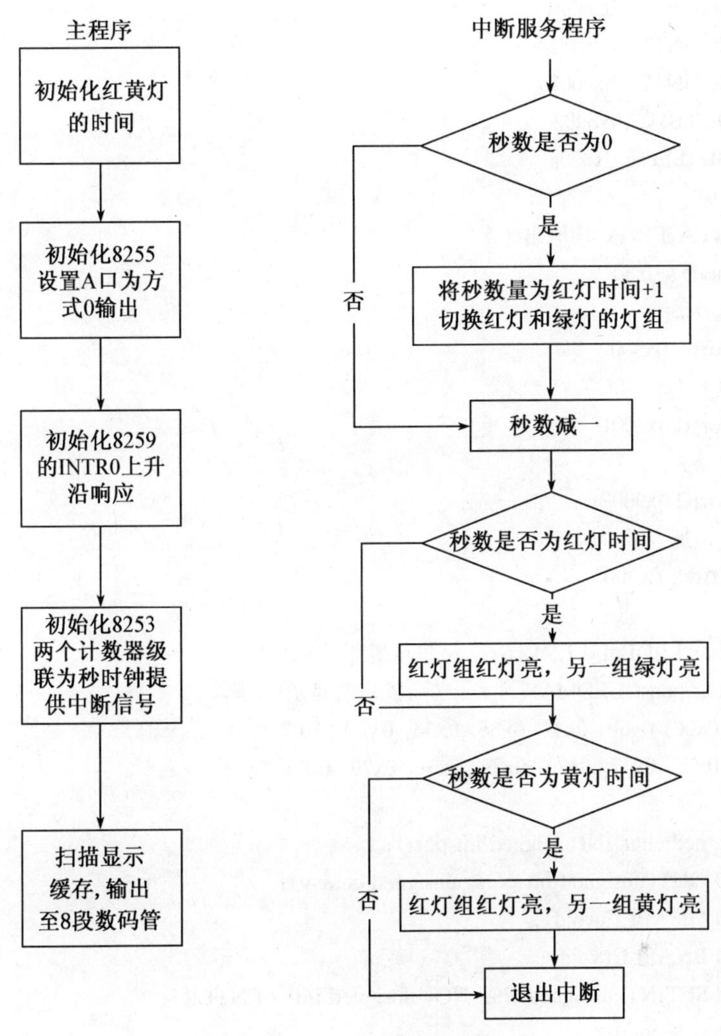

图 15-2　程序流程图

示例代码(在 Lab6000 实验箱中，使用 c 语言实现)：

```
#define ICW1 0x13          /* 单片 8259，上升沿中断，要写 ICW4   */
#define ICW2 0x20          /* 中断号为 20H */
#define ICW4 0x01          /* 工作在 8086/88 方式 */
#define OCW1 0xfe          /* 只响应 INT0 中断 */
#define LEDLen 6
#define RED_T 12
#define YELLOW_T 3

#define CS8259A   0xd000
#define CS8259B   0xd001
```

```
#define CONTROL   0xc003
#define COUNT0   0xc000
#define COUNT1   0xc001
#define COUNT2   0xc002
#define OUTBIT   0x8002
#define OUTSEG   0x8004

/* 方式0,PA,PB,PC均输出 */
#define mode  0x80
/* Port A */
#define PortA 0x9000
/* Port B */
#define PortB 0x9001
/* Port C */
#define PortC 0x9002
/* 控制字地址 */
#define CAddr 0x9003

unsigned char LEDBuf[LEDLen];/* 显示缓冲   */
unsigned char const LEDMAP[] = { /* 八段管显示码 */
    0x3f, 0x06, 0x5b, 0x4f, 0x66, 0x6d, 0x7d, 0x07,
    0x7f, 0x6f, 0x77, 0x7c, 0x39, 0x5e, 0x79, 0x71
};
extern unsigned char IN(unsigned int port);
extern void OUT(unsigned int port, unsigned char v);
extern void DISABLE(void);
extern void ENABLE(void);
extern void SETINT(unsigned char NO, unsigned int *ENTER);
unsigned char Second;
signed char type;/*type=1 L4=red,type=-1,L7=red*/

void Delay(unsigned char CNT)
{
    unsigned char i;
    while (CNT-- !=0)
        for (i=100;i !=0;i--);
}

void DisplayLED()
{
    unsigned char i, j, k;
```

```
    unsigned char Pos;
    unsigned char LED;
    Pos = 0x20;                    /* 从左边开始显示 */
    for (i = 0;i < LEDLen;i++) {
        OUT(OUTBIT,0);             /* 关所有八段管   */
        LED = LEDBuf[i];
        OUT(OUTSEG,LED);           /* 输出 LED 段码   */
        OUT(OUTBIT, Pos);          /* 显示一位八段管 */
        Delay(1);
        Pos >>= 1;                 /* 显示下一位      */
    }
}

interrupt IEnter()
{
    if(Second==0){
        type=-type;
        Second=RED_T+1;
    }
    Second--;
    if(Second==YELLOW_T&&type==1){
        OUT(PortA, 0x50);
    }
    else if(Second==YELLOW_T&&type==-1){
        OUT(PortA, 0x88);
    }
    else if(Second==RED_T&&type==1){
        OUT(PortA, 0x30);
    }
    else if(Second==RED_T&&type==-1){
        OUT(PortA, 0x84);
    }
    OUT(CS8259A, 0x20);            /* 中断服务程序结束指令 */
}

void IInit()
{
    OUT(CS8259A, ICW1);
    OUT(CS8259B, ICW2);
    OUT(CS8259B, ICW4);
    OUT(CS8259B, OCW1);
```

```
}

void main()
{
    OUT(CONTROL, 0x76);            /* 计数器1,16位,方式3,二进制 */
    OUT(CONTROL, 0x36);            /* 计数器0,16位,方式3,二进制 */
    OUT(COUNT0, 500 % 256);        /* 计数器0低字节 */
    OUT(COUNT0, 500 / 256);        /* 计数器0高字节 */
    OUT(COUNT1, 2000 % 256);       /* 计数器1低字节 */
    OUT(COUNT1, 2000 / 256);       /* 计数器1高字节 */
    OUT(CAddr, mode);              /* 输出8255控制字 */
    DISABLE();                     /* 关闭中断响应 */
    IInit();
    SETINT(ICW2, &IEnter);         /* 中断入口地址 */
    Second = RED_T+1;
    type = 1;
    ENABLE();                      /* 打开中断响应 */
    while (1) {
        LEDBuf[0] = LEDMAP[0];
        LEDBuf[1] = LEDMAP[0];
        LEDBuf[2] = LEDMAP[0];
        LEDBuf[3] = LEDMAP[0];
        LEDBuf[4] = LEDMAP[Second/10];
        LEDBuf[5] = LEDMAP[Second%10];
        DisplayLED();
    }
}
```

第十六章 485 总线通信

RS-485 是一种总线式通信协议，它将同一节点的输出反接到输入端，组成一回路，因此，只需两根线就可以实现双向通信。但同一时刻，如果有两个节点同时发送数据，则会发生冲突，因此，是半双工通信。RS-485 的特点是节点，任何时刻，接在总线上的任意一个节点都可以成为主机，其他为从机，当数据传输完毕后，别的机可以成为主机，开始另一轮数据发送。图 16-1 是一种典型的 485 通信芯片的结构引脚图。

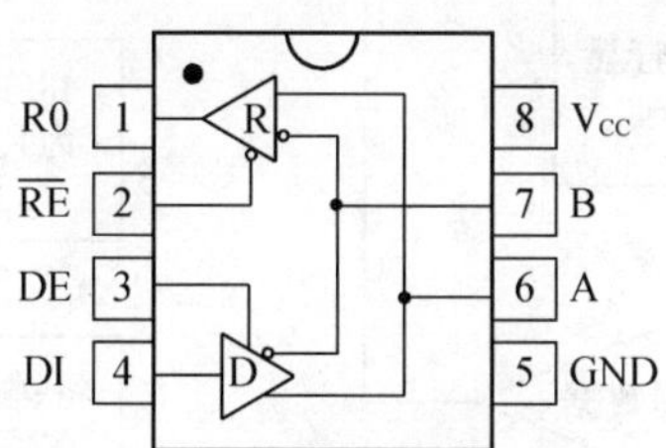

图 16-1　485 芯片引脚定义

采用 RS-485 协议，若要增加通信点，只需要将收发器挂到通信总线上就可以，因此，可支持较多机同时通信，一般 485 总线最多支持 32 个，如果使用特制的 485 芯片，可以达到 128 个节点。接线示意图如 16-2 所示。

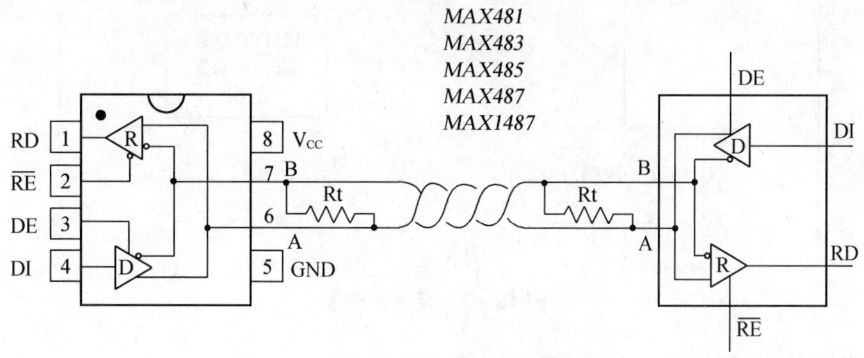

图 16-2　485 芯片应用

本次实验要求完成 485 多机通信，最少三台通信主机。当一台实验箱上的键码被按下时，该机此时为发送机，发送键码对应数据，其他机为接收机，收到此数据并用 8 位 LED 灯显示出来。同样，当另一台机键码按下时，它变为主机，其他机接收数据并显示。

实验时，用两条 485 总线将三台实验箱连接起来。

可以使用 8251 作为 CPU 与 485 芯片的数据接口，8251 与 485 总线对应连接，发送连发送，接收连接收，同时在程序内控制 485 芯片的发送/接收状态，使得键码按下时发送有效。LED 显示部分可用 8255 输出实现。

参考流程图和示例代码如下：

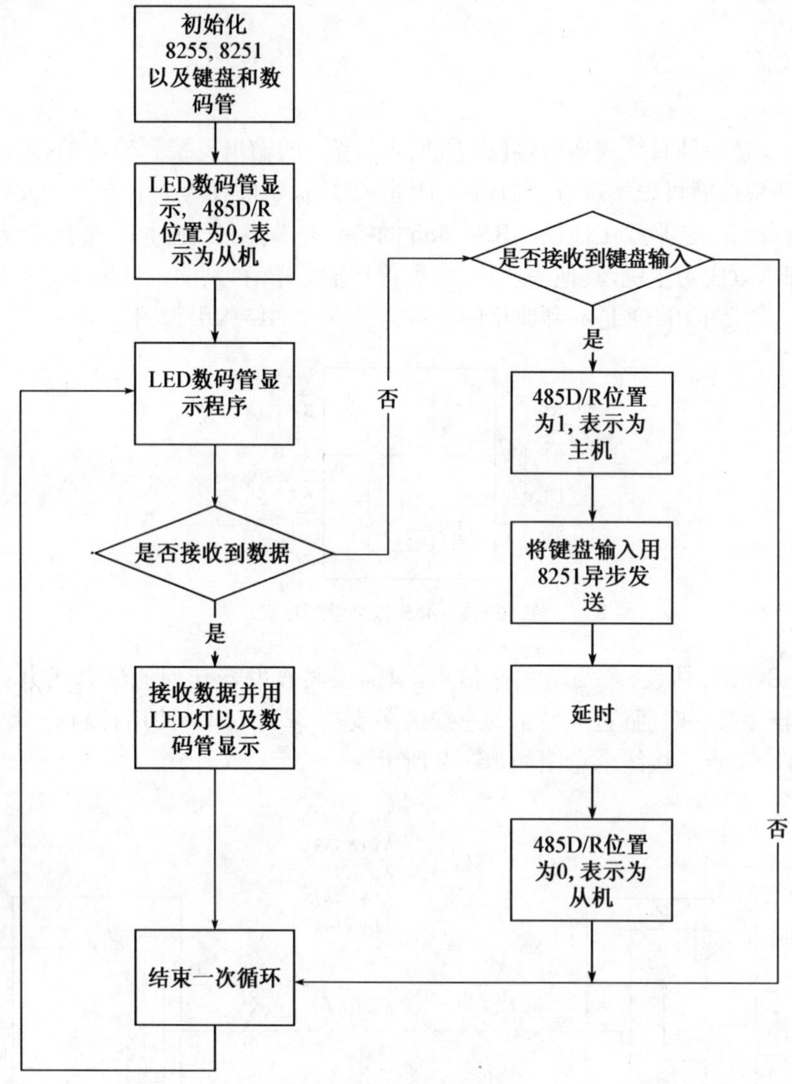

图 16－3　程序流程图

示例代码(在 8086/8088 下实现)：

```
#define LEDLen 6
#define IN_KEY 0x8001
#define OUTBIT 0x8002
#define OUTSEG 0x8004
```

```
#define CS8251D 0x9000
#define CS8251C 0x9001

/* 方式0,PA,PC,PB输出 */
#define mode   0x80
/* Port A */
#define PortA 0xa000
/* Port B */
#define PortB 0xa001
/* Port C */
#define PortC 0xa002
/* 控制字地址 */
#define CA8255 0xa003

extern unsigned char IN(unsigned int port);
extern void OUT(unsigned int port, unsigned char v);

unsigned char LEDBuf[LEDLen];      /* 显示缓冲 */
unsigned char const LEDMAP[] = {  /* 八段管显示码 */
    0x3f, 0x06, 0x5b, 0x4f, 0x66, 0x6d, 0x7d, 0x07,
    0x7f, 0x6f, 0x77, 0x7c, 0x39, 0x5e, 0x79, 0x71
};

unsigned char const KeyTable[] = {  /* 键码定义 */
    0x16, 0x15, 0x14, 0xff,
    0x13, 0x12, 0x11, 0x10,
    0x0d, 0x0c, 0x0b, 0x0a,
    0x0e, 0x03, 0x06, 0x09,
    0x0f, 0x02, 0x05, 0x08,
    0x00, 0x01, 0x04, 0x07
};

void Delay(unsigned char CNT)
{
    unsigned char i;

    while (CNT-- != 0)
        for (i=100;i != 0;i--);
}
```

```
void DisplayLED()
{
    unsigned char i, j, k;
    unsigned char Pos;
    unsigned char LED;

    Pos = 0x20;  /* 从左边开始显示 */
    for (i = 0;i < LEDLen;i++) {
        OUT(OUTBIT,0);      /* 关所有八段管 */
        LED = LEDBuf[i];
        OUT(OUTSEG,LED);
        OUT(OUTBIT, Pos);  /* 显示一位八段管 */
        Delay(1);
        Pos >>= 1;       /* 显示下一位 */
    }
}
unsigned char TestKey()
{
    OUT(OUTBIT, 0);                    /* 输出线置为 0 */
    return (~IN(IN_KEY) & 0x0f); /* 读入键状态（高四位不用）*/
}

unsigned char GetKey()
{
    unsigned char Pos;
    unsigned char i;
    unsigned char j;
    unsigned char k;

    i = 6;
    Pos = 0x20;      /* 找出键所在列 */
    do {
        OUT(OUTBIT, ~ Pos);
        Pos >>= 1;
        k = ~IN(IN_KEY) & 0x0f;
    } while ((--i != 0) && (k == 0));

    /* 键值 = 列 X 4 + 行 */
    if (k != 0) {
```

```
        i *= 4;
        if (k&2)
        i += 1;
        else if (k&4)
        i += 2;
        else if (k&8)
        i += 3;

        OUT(OUTBIT, 0);
        do Delay(10);while (TestKey());   /* 等键释放 */

        return(KeyTable[i]);   /* 取出键码 */
    } else return(0xff);
}

void IInit()
{
    OUT(CS8251C,0x4f);      /* 1停止位,无校验,8数据位 */
    OUT(CS8251C,0x15);      /* 清错误标志,允许接收发送 */
}

void Send(unsigned char TBuf)
{
    unsigned ss;

    OUT(CS8251C,0x15);                /* 清错误标志,允许接收发送 */
    while(!(IN(CS8251C)&0x1));/* 发送缓冲是否为空 */
    OUT(CS8251D,TBuf);                /* 送出数据库 */
}

unsigned char Receive()
{
    while(!(IN(CS8251C)&0x2));/* 是否已收到数据 */
    return (IN(CS8251D));           /* 读入数据 */
}

void main()
{
    unsigned char RCVBUF;
    OUT(CA8255, mode);
    OUT(PortA, 0x0);
```

```
    IInit();
    LEDBuf[0] = 0xff;
    LEDBuf[1] = 0xff;
    LEDBuf[2] = 0xff;
    LEDBuf[3] = 0xff;
    LEDBuf[4] = 0x00;
    LEDBuf[5] = 0x00;

    while (1) {
        DisplayLED();                          /* 显示 */
        if(! (IN(CS8251C) & 0x2))              /* 是否收到数据 */
        {
            if (TestKey()){                    /* 如果有键按下 */
            OUT(PortA, 0x01);
            Send(GetKey());                    /* 则用串口输出 */
            Delay(10);
            OUT(PortA, 0x00);
            Delay(10);
            }
        } else{
            RCVBUF = Receive();                /* 已收到数据 */
            LEDBuf[5] = LEDMAP[RCVBUF & 0x0f]; /* 显示低 4 位 */
            LEDBuf[4] = LEDMAP[RCVBUF / 0x10]; /* 显示高 4 位 */
            OUT(PortB, RCVBUF);
        }
    }
}
```

第十七章 直流电机 PID 调速

众所周知，直流电机应用广泛且性能优良，而要对其进行精确而又迅速的控制，就需要复杂的控制系统。随着微电子和计算机的发展，PID 控制技术应用越来越广泛，具有控制精确、硬件实现简单、受环境影响小、功能全面等特点。直流电机 PID 调速主要的方法有通过 PID 算法控制 PWM 波占空比来控制电机转速和通过 PID 算法控制数模转换模拟量来控制电机转速等。

一、数字 PID 控制算法

数字 PID 算法通常分为增量式 PID 和位置式 PID 控制算法。

1. 位置式 PID

按照模拟 PID 控制算法公式：

$$\begin{aligned} u(t) &= K_p\left[e(t)+\frac{1}{T_i}\int_0^t e(t)\mathrm{d}t+\frac{T_d\mathrm{d}e(t)}{\mathrm{d}t}\right] \\ &= K_p e(t)+K_i\int_0^t e(t)\mathrm{d}t+K_d\frac{\mathrm{d}e(t)}{\mathrm{d}t} \end{aligned} \tag{17-1}$$

以一系列的采样时刻 kT 代表连续时间 t，以矩形数值积分近似替代积分，以一阶后向差分近似替代微分，可得

$$\begin{cases} t=kT(k=1,2,3,\cdots) \\ \int_0^t e(t)\mathrm{d}t \approx T\sum_{j=0}^{k}e(jT)=T\sum_{j=0}^{k}e(j) \\ \frac{\mathrm{d}e(t)}{\mathrm{d}t}\approx\frac{e(kT)-e[(k-1)T]}{T}=\frac{e(k)-e(k-1)}{T} \end{cases} \tag{17-2}$$

为了保证精度，采样时间 T 必须足够短，由上式可得 k

$$u(k)=K_p\left\{e(k)+\frac{T}{T_i}\sum_{j=0}^{k}e(j)+\frac{T_d}{T}[e(k)-e(k-1)]\right\} \tag{17-3}$$

或

$$u(k)=K_p e(k)+K_i\sum_{j=0}^{k}e(j)+K_d[e(k)-e(k-1)] \tag{17-4}$$

位置式 PID 控制算法的缺点是由于采用全量输出，每次输出的状态均与过去的状态有关，计算时要对其进行累加，计算机输出控制量可能出现大幅度变化，相应地引起执行机构位置的大幅度变化，给生产安全带来隐患。为避免此类情况，采用增量式 PID 算法。

2. 增量式 PID

$$\Delta u_k = u_k - u_{k-1} = K_p\left[e_k - e_{k-1} + \frac{T}{T_i}e_k + \frac{T_d}{T}(e_k - 2e_{k-1} + e_{k-2})\right]$$
$$= K_p(e_k - e_{k-1}) + K_i e_k + K_D(e_k - 2e_{k-1} + e_{k-2}) \quad (17-5)$$

因此

$$u_k = \Delta u_k + u_{k-1} \quad (17-6)$$

其中,

$$K_p = K_p$$
$$K_i = K_p \frac{T}{T_i}$$
$$K_d = K_p \frac{T_d}{T}$$

由上可知,由于一般计算机控制系统采用恒定的采样周期 T,一旦确定了 K_p, K_i, K_d,只要使用前后三次测量值得到偏差,即可得出控制量。

示例程序即采用增量式算法实现。

二、数字 PID 整定方法

数字 PID 是在采样周期足够小的情况下,使用数字 PID 去逼近模拟 PID,因此,也可以按照模拟 PID 的参数整定方法来整定控制参数,如试凑法、临界比例度法等。

1. 试凑法

根据如下定性常识:

(1) 通常情况下增加比例系数 K_p,可以加快系统响应,在有净差的情况下,有利于减少净差,但是过大的 K_p 会使得系统稳定性变差,产生较大的超调量。

(2) 积分时间常数 T_i 减小,积分作用越强,系统净差消除加快,但稳定性变差。

(3) 微分时间常数 T_d 增大,微分作用越强,属于超前控制,系统响应加快,有利于稳定,但是对噪声的抑制能力减弱。

与模拟 PID 控制一样,各个控制参数与系统性能指标之间的关系不是绝对的,只是表示一定范围内的相对关系,因为各参数之间还有相互影响,一个参数改变了,另外两个参数的控制效果也会随之改变。

试凑法可以参考以上参数对控制过程的影响趋势,按照先比例、再积分、最后微分的步骤对参数进行整定。

2. 积分分离 PID 控制算法

在普通 PID 控制中引入积分环节的主要目的是消除净差,提高控制精度,但在系统启动、结束或设定值大幅度变动时,系统输出在短时间内有很大偏差,会造成 PID 运算中积分作用的积累,极有可能使系统输出进入饱和状态,引起系统出现较大超调以及系统振荡,不利于系统安全稳定运行。

因此,积分分离 PID 的设计思路是:

当被控量与设定值偏差较大时,取消积分作用;当被控量与设定值偏差较小时,加入积分控制,以便消除静差,提高控制精度。

3. 不完全微分 PID 控制算法

在普通 PID 控制中引入微分环节，主要目的是改善系统的动态性能，但同时导致了系统易受高频干扰，反而降低了系统动态性能。考虑在 PID 控制算法中加入低通滤波器，使系统动态性能得到改善。

在微分环节中加入一阶惯性环节，传递函数变成：

$$\frac{K_p T_d s}{1+T_f s}\text{（取 } T_f \text{ 为} \frac{1}{10}T_d \sim \frac{1}{3}T_d\text{）} \tag{17-7}$$

微分项的表达式变为：

$$u_d(k)=K_p\frac{T_d}{T+T_f}[e(k)-e(k-1)]+\frac{T_f}{T+T_f}u_d(k-1) \tag{17-8}$$

三、实验代码和结果

本实验示例程序中，通过实验箱直流电机上的霍尔传感器测出转速，使用 PID 算法处理后得到下一步应输出的电压值即控制量，通过 DAC0832 转化为模拟量，从而控制电机，调整转速，并通过 8251 将转速数据以固定时间间隔，通过 RS-232 与 PC 机的数据线将转速数据传到 Matlab 处理程序，由 Matlab 画出转速—时间曲线，供 PID 参数调试参考。

实验要求：通过实验箱上键盘或在上位机中设定目标转速，实现直流电机 PID 调速，并在上位机中画出转速—时间曲线。

实验中遇到困难，要注意以下几点：

(1) 设置好 8251 与上位机通信的波特率，要匹配才能通信，一般为 9600。

(2) 8251 的 xCLK 由频率发生器提供，示例中为 153.846kHz。

(3) 8251 的波特率分频系数有 1、1/16、1/64，建议选择后两个。

(4) 8251、8253 的控制字和初始化是否正确。

(5) 明确传输的数据是 16 进制还是 10 进制。

(6) PID 算法是否设计正确，参数是否合适。

(7) 如果遇到 Matlab 打开串口失败，可检查串口设置后，重启 Matlab 再试。

图 17-1(a)为实验参考代码的初始化及主程序框图；图 17-1(b)为中断 0 的处理程序框图，则主要功能为计算电机转速；图 17-1(c)为中断 1 的处理程序框图，主要功能为定时进行 PID 计算，并输出至直流电机，同时把当前转速送给上位机。图 17-2 为本参考代码执行时得到的转速控制效果图。

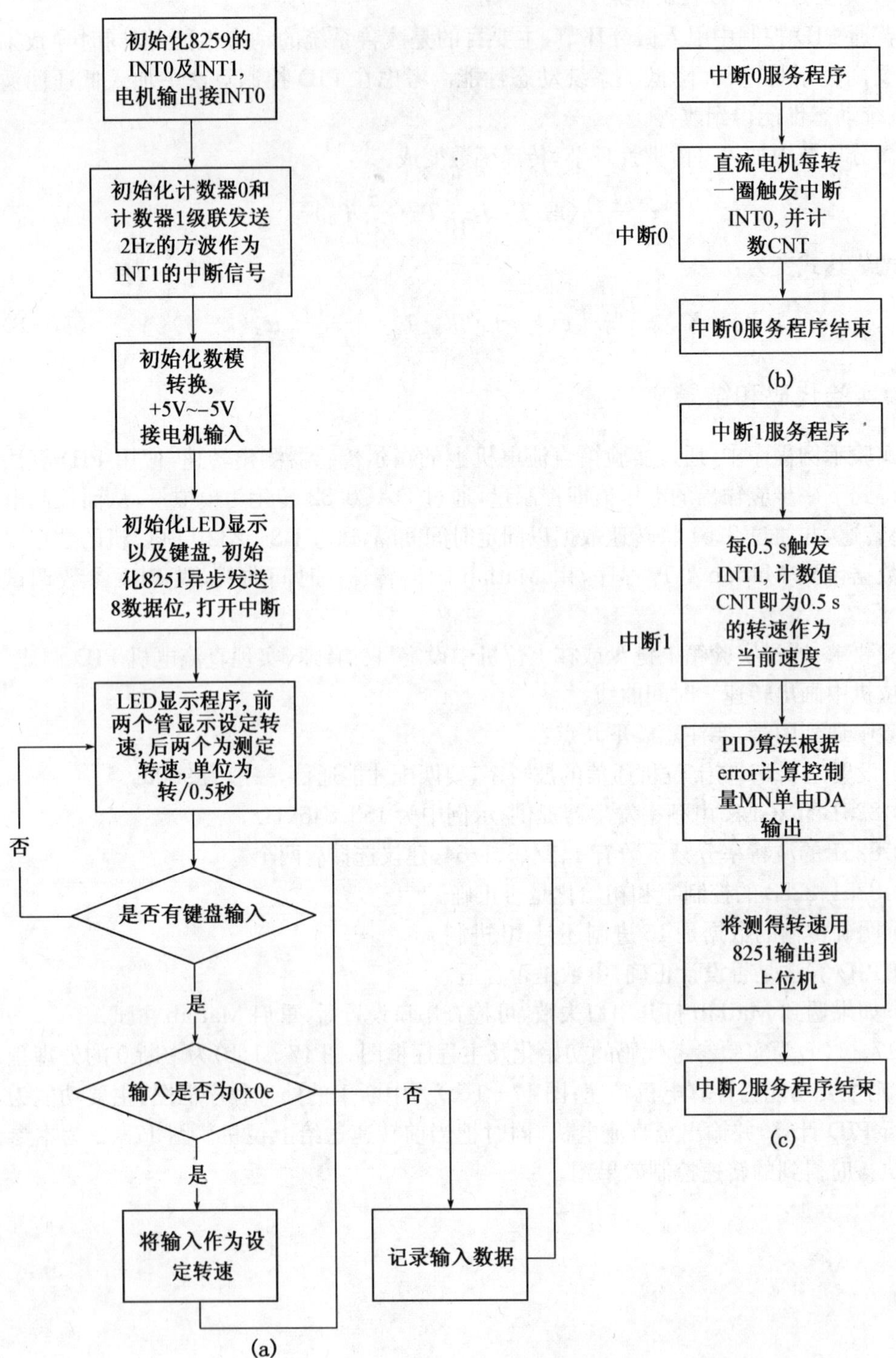

初始化8259的INT0及INT1，电机输出接INT0
初始化计数器0和计数器1级联发送2Hz的方波作为INT1的中断信号
初始化数模转换，+5V~-5V接电机输入
初始化LED显示以及键盘，初始化8251异步发送8数据位，打开中断
LED显示程序，前两个管显示设定转速，后两个为测定转速，单位为转/0.5秒
否
是否有键盘输入
是
输入是否为0x0e
否
是
将输入作为设定转速
记录输入数据
(a)
中断0服务程序
直流电机每转一圈触发中断INT0，并计数CNT
中断0
中断0服务程序结束
(b)
中断1服务程序
每0.5 s触发INT1，计数值CNT即为0.5 s的转速作为当前速度
中断1
PID算法根据error计算控制量MN单由DA输出
将测得转速用8251输出到上位机
中断2服务程序结束
(c)

图 17－1　程序流程图

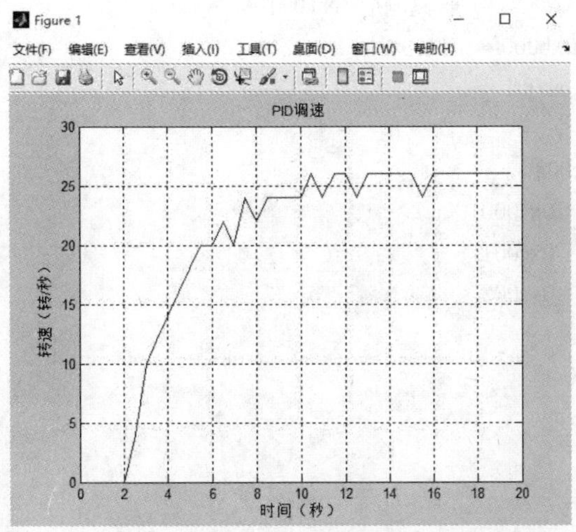

图 17－2 PID 转速调节概念示意图

示例代码(在 8086/8088 下实现)：

说明：在实验箱键盘左侧两个数码管显示设定转速，右侧两个数码管显示当前转速，按下设定的转速数字，再按 E，开始调速。

① 下位机部分

```
/* DC motor           */
/* C for 8086/8088 */

#define CS8251D 0x8000
#define CS8251C 0x8001

#define CS0832 0x9000


#define LEDLen 6
#define IN_KEY 0xa001
#define OUTBIT 0xa002
#define OUTSEG 0xa004

#define ICW1 0x13
                    /* 单片 8259,上升沿中断,要写 ICW4   */
#define ICW20 0x20
                    /* 中断号为 20H */
#define ICW21 0x21
                    /* 中断号为 21H */
#define ICW4 0x01
                    /* 工作在 8086/88 方式 */
#define OCW1 0xfc
```

```
                    /* 只响应 INT0 中断 */
#define CS8259A 0xb000
#define CS8259B 0xb001

#define C8253 0xc003
#define COUNT0   0xc000
#define COUNT1   0xc001
#define COUNT2   0xc002

#define Kp     1.5
#define Ki     0.5
#define Kd     0.1

extern unsigned char IN(unsigned int port);
extern void OUT(unsigned int port, unsigned char v);
extern void DISABLE(void);
extern void ENABLE(void);
extern void SETINT(unsigned char NO, unsigned int *ENTER);


unsigned char CNT;
int setspeed,error,error1,error2,u;
unsigned char LEDBuf[LEDLen];      /* 显示缓冲 */
unsigned char const LEDMAP[] = {  /* 八段管显示码 */
    0x3f, 0x06, 0x5b, 0x4f, 0x66, 0x6d, 0x7d, 0x07,
    0x7f, 0x6f, 0x77, 0x7c, 0x39, 0x5e, 0x79, 0x71
};

unsigned char const KeyTable[] = {  /* 键码定义 */
    0x16, 0x15, 0x14, 0xff,
    0x13, 0x12, 0x11, 0x10,
    0x0d, 0x0c, 0x0b, 0x0a,
    0x0e, 0x03, 0x06, 0x09,
    0x0f, 0x02, 0x05, 0x08,
    0x00, 0x01, 0x04, 0x07
};

void Delay(unsigned char CNT)
{
    unsigned char i;
```

```
    while (CNT-- ! =0)
        for (i=100;i ! =0;i--);
}
/*define Kp Ki 和 Kd */
void PID_control(int Now_speed)
{
    int P,I,D;
    error=setspeed-Now_speed;
    if(Now_speed! =setspeed)
    {
        P=Kp*(error-error1);
        I=Ki*error;
        D=Kd*D=Kd*(error-2error1+error2);
        u+=(P+I+D);
        error2=error1;
        error1=error;
    if(u>255) u=255;
    if(u<128)  u=128;
}

void DisplayLED()
{
    unsigned char i, j, k;
    unsigned char Pos;
    unsigned char LED;

    Pos = 0x20;  /* 从左边开始显示 */
    for (i = 0;i < LEDLen;i++) {
        OUT(OUTBIT,0);     /* 关所有八段管 */
        LED = LEDBuf[i];
        OUT(OUTSEG,LED);
        OUT(OUTBIT, Pos);  /* 显示一位八段管 */
        Delay(1);
        Pos >>= 1;      /* 显示下一位 */
    }
}

unsigned char TestKey()
{
    OUT(OUTBIT, 0);                    /* 输出线置为 0 */
    return (~IN(IN_KEY) & 0x0f);  /* 读入键状态(高四位不用) */
```

```
}

unsigned char GetKey()
{
    unsigned char Pos;
    unsigned char i;
    unsigned char j;
    unsigned char k;

    i = 6;
    Pos = 0x20;     /* 找出键所在列 */
    do {
        OUT(OUTBIT, ~ Pos);
        Pos >>= 1;
        k = ~IN(IN_KEY) & 0x0f;
    } while ((--i != 0) && (k == 0));

    /* 键值 = 列 × 4 + 行 */
    if (k != 0) {
        i *= 4;
        if (k & 2)
        i += 1;
        else if (k & 4)
        i += 2;
        else if (k & 8)
        i += 3;

        OUT(OUTBIT, 0);
        do Delay(10);while (TestKey());  /* 等键释放 */

        return(KeyTable[i]);  /* 取出键码 */
    } else return(0xff);
}

void Send(unsigned char TBuf)
{
    OUT(CS8251C,0x15);                /* 清错误标志,允许接收发送 */
    while( !(IN(CS8251C) & 0x1));/* 发送缓冲是否为空 */
    OUT(CS8251D,TBuf);                /* 送出数据库 */
}
```

```
void IInit()
{
    OUT(CS8251C,0x4e);      /* 1 停止位,无校验,8 数据位 */
    OUT(CS8251C,0x15);      /* 清错误标志,允许接收发送 */
    OUT(CS8259A, ICW1);
    OUT(CS8259B, ICW20);
    OUT(CS8259B, ICW4);

    OUT(CS8259A, ICW1);
    OUT(CS8259B, ICW21);
    OUT(CS8259B, ICW4);
    OUT(CS8259B, OCW1);

    OUT(C8253, 0x36);        /* 计数器 0,16 位,方式 3,二进制 */
    OUT(C8253, 0x76);        /* 计数器 1,16 位,方式 3,二进制 */
    OUT(COUNT0, 500 % 256);/* 计数器 0 低字节 */
    OUT(COUNT0, 500 / 256);/* 计数器 0 高字节 */
    OUT(COUNT1, 1000 % 256);/* 计数器 1 低字节 */
    OUT(COUNT1, 1000 / 256);/* 计数器 1 高字节 */
}

interrupt IEnter0()
{
    CNT++;
    OUT(CS8259A, 0x20);   /* 中断服务程序结束指令 */
}

interrupt IEnter1()
{
    LEDBuf[5] = LEDMAP[CNT % 10];/* 显示低 4 位   */
    LEDBuf[4] = LEDMAP[CNT / 10];/* 显示高 4 位   */
    PID_control(CNT);
    Send(CNT);
    CNT=0;
    OUT(CS0832, u);
    OUT(CS8259A, 0x20);   /* 中断服务程序结束指令 */
}


void main()
{
```

```
    unsigned char Key,xspeed=0;
    setspeed=0;
    u=128;
    DISABLE();     /* 关闭中断响应 */
    IInit();
    SETINT(ICW20,&IEnter0);/* 中断入口地址 */
    SETINT(ICW21,&IEnter1);/* 中断入口地址 */
    CNT=0;
    LEDBuf[0] = 0x00;
    LEDBuf[1] = 0x00;
    LEDBuf[2] = 0x00;
    LEDBuf[3] = 0x00;
    LEDBuf[4] = 0x00;
    LEDBuf[5] = 0x00;
    ENABLE();     /* 打开中断响应 */
    while(1){
    while (! TestKey()) DisplayLED();
    Key = GetKey();
    if ( (Key >= 0) && (Key <= 9) )
    {
        xspeed=xspeed*10+Key;
    }
    if(Key==0x0e){
    setspeed=xspeed;
    error=setspeed;
    LEDBuf[1] = LEDMAP[setspeed % 10];/* 显示低 4 位  */
    LEDBuf[0] = LEDMAP[setspeed / 10];/* 显示高 4 位  */
    xspeed=0;
    }
    }
}
```

② 上位机(Matlab)部分

```
serialPort = serial('COM4');%串口,实际情况不一定为 COM4,请根据系统属性设置
serialPort.BaudRate = 9600;      % 设置波特率
serialPort.BytesAvailableFcnMode = 'byte';      % 读取数据类型
serialPort.BytesAvailableFcnCount = 1;       % 指定缓冲区数据的个数
s.InputBufferSize=4096;%输入缓冲区大小
fopen(serialPort);      % 打开串口
received = fread(serialPort,[1,20],'uint8');    % 一次读取 2 个字节,先读 20 个数据
received=[received,fread(serialPort,[1 20],'uint8')];  % 一次读取 2 个字节,再读 20 个数据
x=0:0.5:19.5;
```

```
plot(x,2 * received);
grid on
xlabel('时间(秒)')
ylabel('转速(转/秒)')
title('PID 调速')        %添加图像标题
fclose(serialPort);
delete(serialPort);
```

第十八章 步进电机驱动实验

步进电机是将电脉冲信号转变为角位移或线位移的开环控制电机，是现代数字程序控制系统中的主要执行元件，应用极为广泛。在非超载的情况下，电机的转速、停止的位置只取决于脉冲信号的频率和脉冲数，而不受负载变化的影响，当步进驱动器接收到一个脉冲信号，就驱动步进电机按设定的方向转动一个固定的角度，称为“步距角”，它的旋转是以固定的角度一步一步运行的，可以通过控制脉冲个数来控制角位移量，从而达到准确定位的目的；同时可以通过控制脉冲频率来控制电机转动的速度和加速度，从而达到调速的目的。

步进电机必须由双环形脉冲信号、功率驱动电路等组成控制系统方可使用。步进电机作为执行元件，是机电一体化的关键产品之一，广泛应用在各种自动化控制系统中。随着微电子和计算机技术的发展，步进电机的需求量与日俱增，在国民经济各个领域都有广泛应用。

一、步进电机驱动简介

实验箱上的步进电机为常见的4励磁线圈式，有A、B、C、D四相电流，可分为全步励磁和半步励磁。全步励磁可分为单相励磁和双相励磁，分别对应单四拍工作方式和双四拍工作方式的电机转动状态；半步励磁又称单/双相励磁，对应单/双八拍工作方式。每输出一个脉冲信号，步进电机只走一步。因此，连续适当控制A、B、C、D四相的励磁信号，即可控制步进电机的转动。

1. 单相励磁(单四拍工作方式)

在每一瞬间只有一个线圈导通。消耗电力小，精确度好，但转矩小，振动较大，每送一励磁信号可走一个步距角。控制信号如表18－1所示，若将励磁信号反向传送，则步进电动机反转。

励磁顺序：正转：A→B→C→D→A

反转：A→D→C→B→A

表18－1

STEP	A	B	C	D
1	1	0	0	0
2	0	1	0	0
3	0	0	1	0
4	0	0	0	1

2. 双相励磁(双四拍工作方式)

在每一瞬间有两个线圈导通。因其转矩大,振动小,故为使用较多的励磁方式,每送一励磁信号可走一个步距角。控制信号如表 18-2 所示,若将励磁信号反向传送,则步进电动机反转。

励磁顺序:正转:AB→BC→CD→DA→AB

反转:AB→DA→CD→BC→AB

表 18-2

STEP	A	B	C	D
1	1	1	0	0
2	0	1	1	0
3	0	0	1	1
4	1	0	0	1

3. 单/双相励磁(单/双八拍工作方式)

单相励磁和双相励磁交替形成。因分辨率提高,且运转平滑,故亦被广泛采用,每送一励磁信号可走一个步距角的一半。控制信号如表 18-3 所示,若将励磁信号反向传送,则步进电动机反转。

励磁顺序:正转:A→AB→B→BC→C→CD→D→DA→A

反转:A→DA→D→CD→C→BC→B→AB→A

表 18-3

STEP	A	B	C	D
1	1	0	0	0
2	1	1	0	0
3	0	1	0	0
4	0	1	1	0
5	0	0	1	0
6	0	0	1	1
7	0	0	0	1
8	1	0	0	1

步进电机的负载转矩与速度成反比,速度越快转矩越小,当速度快至极限时,步进电机将不再运转,所以在每走一步后,程序必须延时一段时间。

二、步进电机细分驱动简介

步进电机细分驱动技术是 20 世纪 70 年代中期发展起来的一种可以显著改善步进电机综合使用性能的驱动控制技术。它是通过控制各相绕组中的电流,使它们按一定的规律上升或下降,即在零电流到最大电流之间形成多个稳定的中间电流状态,相应的合成磁场矢量的方向也将存在多个稳定的中间状态,且按细分步距旋转,其中合成磁场矢量的幅值决定了步进电机旋转力矩的大小，合成磁场矢量的方向决定了细分后步距角的大小。细分驱动技术进一步提高了步进电机转角精度和运行平稳性。

步进电机的细分技术实质上是一种电子阻尼技术，其主要目的是减弱或消除步进电机的低频振动，提高电机的运转精度只是细分技术的一个附带功能。细分的基本概念为：步进电机通过细分驱动器的驱动，其步距角变小了。驱动器工作在 10 细分状态时，其步距角只为“电机固有步距角”的十分之一。例如：当驱动器工作在不细分的全步状态时，控制系统每发一个步进脉冲，电机转动一个步距角 9°，而用细分驱动器工作在 10 细分状态时，电机只转动了 0.9°。细分功能完全是由驱动器靠精确控制电机的相电流产生的，与电机无关。图 18－1 以 4 细分为例说明细分驱动时单相电流的变化情况，将四相电流按 $\frac{\pi}{2}$ 的相位差输入给电机，如图 18－2、图 18－3 所示，保证在细分后的每个步距角的电流在不同相之间合成后，力矩相同，从而使得电机运行步数增加，运行速度更加平稳。

细分驱动的具体方案可用 PWM 和 D/A 实现。

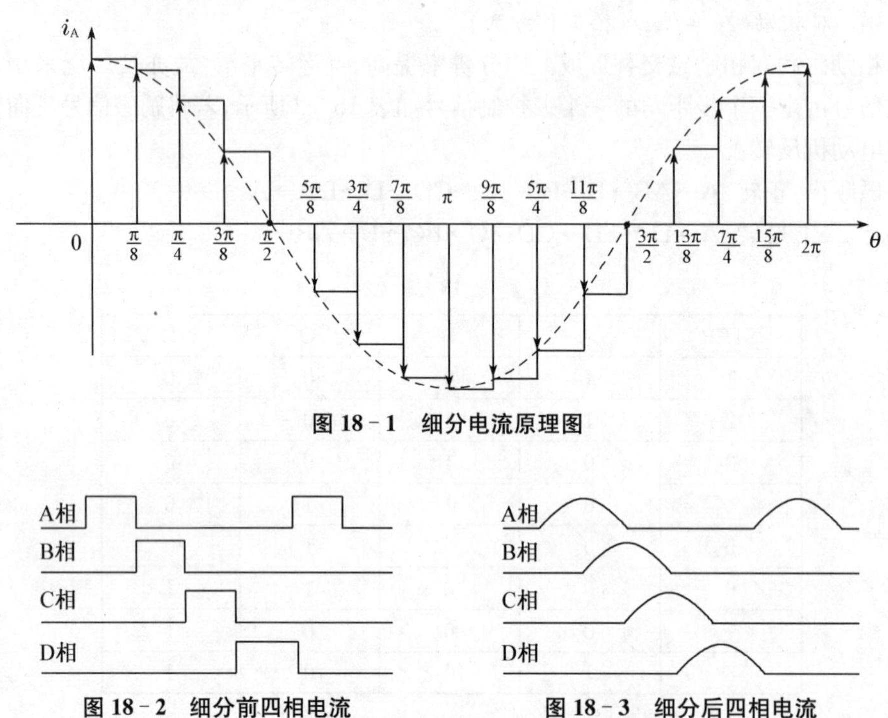

图 18－1　细分电流原理图

图 18－2　细分前四相电流

图 18－3　细分后四相电流

本次实验要求通过 8255 输出驱动步进电机完成前述单四拍工作方式、双四拍工作方式和单/双八拍工作方式三种模式的转动，并通过实验箱上的键盘按键来选择不同模式。参考程度流程如图 18－4 所示。

注意：实验箱上步进电机输入插孔的排序是 A、C、B、D。

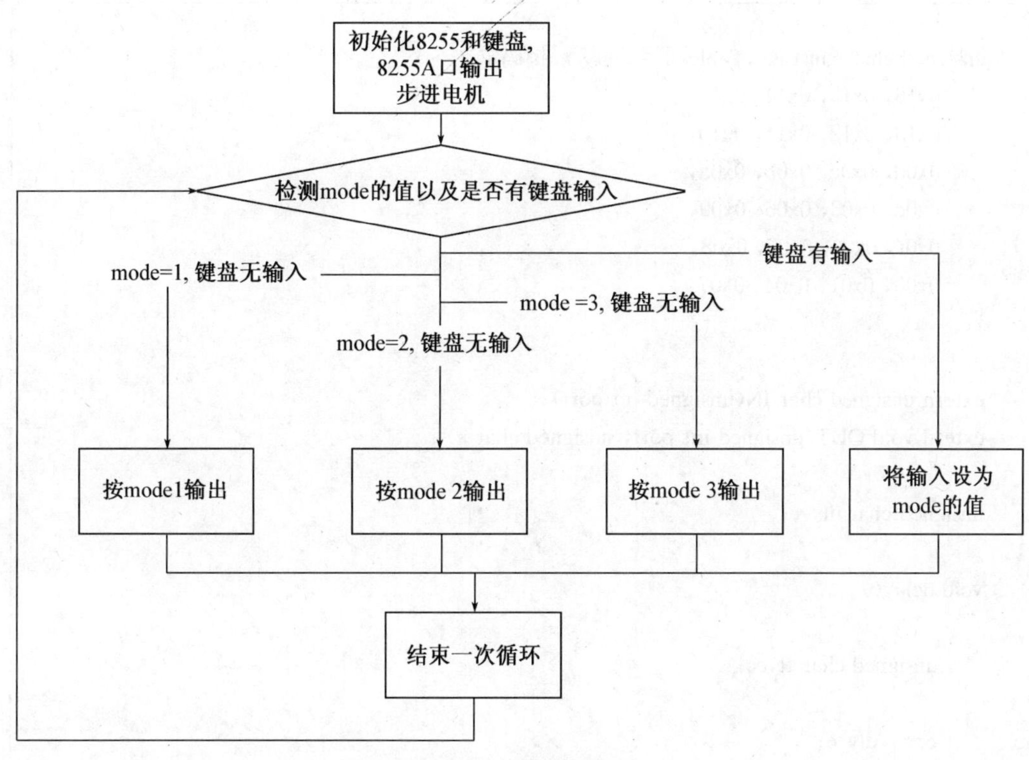

图 18-4　程序流程图

示例代码(在 8086/8088 下实现):见上章。

说明:在实验箱键盘上按“1”进入单/双八拍工作方式;按“2”进入双四拍工作方式;按“3”进入单四拍工作方式;按其他键停转。

```
/* step motor control */
/* C for MCS96 */
#define mode8255 0x82
/* 8255 工作方式,PA、PC 输出,PB 输入 */
#define contrl 0x8003
/* 步进电机控制脉冲从 8255 的 PA 端口输出 */
#define ctl 0x8000

#define IN_KEY 0x9001
#define OUTBIT 0x9002

/* ABCD 各脉冲对应的输出位 */
#define Astep 0x01
#define Bstep 0x02
#define Cstep 0x04
#define Dstep 0x08
```

```
unsigned char const KeyTable[] = {   /* 键码定义 */
    0x16, 0x15, 0x14, 0xff,
    0x13, 0x12, 0x11, 0x10,
    0x0d, 0x0c, 0x0b, 0x0a,
    0x0e, 0x03, 0x06, 0x09,
    0x0f, 0x02, 0x05, 0x08,
    0x00, 0x01, 0x04, 0x07
};

extern unsigned char IN(unsigned int port);
extern void OUT(unsigned int port, unsigned char v);

unsigned char dly_c;

void delay()
{
    unsigned char tt,cc;

    cc = dly_c;
    do{
        tt = 0x40;
        do {
        }while(--tt);
    }while(--cc);
}

void Delayk(unsigned char CNT)
{
    unsigned char i;

    while (CNT-- != 0)
        for (i=100;i != 0;i--);
}

unsigned char TestKey()
{
    OUT(OUTBIT, 0);                   /* 输出线置为 0 */
    return (~IN(IN_KEY) & 0x0f);      /* 读入键状态 (高四位不用) */
}
```

```
unsigned char GetKey()
{
    unsigned char Pos;
    unsigned char i;
    unsigned char j;
    unsigned char k;

    i = 6;
    Pos = 0x20;     /* 找出键所在列 */
    do {
        OUT(OUTBIT, ~ Pos);
        Pos >>= 1;
        k = ~IN(IN_KEY) & 0x0f;
    } while ((--i != 0) && (k == 0));

    /* 键值 = 列 × 4 + 行 */
    if (k != 0) {
        i *= 4;
        if (k & 2)
        i += 1;
        else if (k & 4)
        i += 2;
        else if (k & 8)
        i += 3;

        OUT(OUTBIT, 0);
        do Delayk(10);while (TestKey());  /* 等键释放 */

        return(KeyTable[i]);  /* 取出键码 */
    } else return(0xff);
}


void main()
{
    unsigned char mode;

    OUT(contrl,mode8255);
    mode = 0;
    OUT(ctl,0);
```

```
/* 单/双八拍工作方式 */
while(1){
if(mode = =1&&(! TestKey()))
while(! TestKey())
{
    dly_c=2;
    OUT(ctl,Astep);
    delay();
    OUT(ctl,Astep+Bstep);
    delay();
    OUT(ctl,Bstep);
    delay();
    OUT(ctl,Bstep+Cstep);
    delay();
    OUT(ctl,Cstep);
    delay();
    OUT(ctl,Cstep+Dstep);
    delay();
    OUT(ctl,Dstep);
    delay();
    OUT(ctl,Dstep+Astep);
    delay();
};

/* 双四拍工作方式 */
if(mode = =2&&(! TestKey()))
while(! TestKey())
{
    dly_c=3;
    OUT(ctl,Astep+Bstep);
    delay();
    OUT(ctl,Bstep+Cstep);
    delay();
    OUT(ctl,Cstep+Dstep);
    delay();
    OUT(ctl,Dstep+Astep);
    delay();
};

/* 单四拍工作方式 */
if(mode = =3&&(! TestKey()))
```

```
    while(! TestKey())
    {
        dly_c=4;
        OUT(ctl,Dstep);
        delay();
        OUT(ctl,Cstep);
        delay();
        OUT(ctl,Bstep);
        delay();
        OUT(ctl,Astep);
        delay();
    }
    if(TestKey())
    mode=GetKey();
    }
}
```

参考文献

[1] 尹建华.微型计算机原理与接口技术[M].第 2 版.北京:高等教育出版社,2008.
[2] 王晓萍.微机原理与接口技术[M].杭州:浙江大学出版社,2015.
[3] 彭虎.微机原理与接口技术[M].第 4 版.北京:电子工业出版社,2016.
[4] 李继灿.微机原理与接口技术[M].北京:清华大学出版社,2011.
[5] 王克义.微机原理[M].北京:清华大学出版社,2014.
[6] 何小海,严华主.微机原理与接口技术[M].第 2 版.北京:科学出版社,2019.
[7] 李珍香.微机原理与接口技术[M].第 2 版.北京:清华大学出版社,2018.
[8] 鞠九滨.计算机组成原理[M].北京:中央广播电视大学出版社,1988.
[9] 张仁杰.微机原理与接口技术综合实验教程[M].大连:大连理工大学出版社,2004.
[10] 杨斌.微机原理与接口技术实验及课程设计[M].成都:西南交通大学出版社,2005.
[11] 俞承芳.微机系统与接口实验[M].上海:复旦大学出版社,2005.
[12] 张明峰.PIC 单片机入门与实践[M].北京:北京航空航天大学出版社,2004.